基团间作用与新晶体设计

王磊 著

中国石化出版社

图书在版编目(CIP)数据

基团间作用与新晶体设计 / 王磊著.
—北京：中国石化出版社，2018.11
ISBN 978-7-5114-5093-7

Ⅰ.①基… Ⅱ.①王… Ⅲ.①非线性光学晶体-晶体结构 Ⅳ.①O7

中国版本图书馆 CIP 数据核字（2018）第 243619 号

中国石化出版社出版发行

地址：北京市朝阳区吉市口路 9 号
邮编：100020 电话：(010)59964500
发行部电话：(010)59964526
http://www.sinopec-press.com
E-mail:press@sinopec.com
北京柏力行彩印有限公司印刷
全国各地新华书店经销

*

710×1000 毫米 16 开本 8.5 印张 204 千字
2018 年 11 月第 1 版 2018 年 11 月第 1 次印刷
定价：50.00 元

前　言

FOREWORD

分子间作用在新药的合成与设计、晶体材料工程和功能材料的性质等各方面有重要作用，已引起了越来越多的理论和实验工作者的广泛关注，并逐渐成为材料、物理、化学、生命科学等学科研究领域中最为活跃的前沿热点之一。在生物体内的能量存储和传递过程中，磷酸化合物占有重要地位，含有磷酸与胍基的磷酸精氨酸(PA)分子就是无脊椎动物体内主要的磷源和能量存储单元，PA分子实现其生化功能的主要机制在于其分子中磷酸与精氨酸胍基间特殊的静电作用。在很多其他生物分子生化功能中，磷酸与胍基间特殊非共价键作用也扮演着重要角色。

自20世纪70年代起，晶体结构中磷酸与胍基间氢键就被作为生物体中该类非共价键作用的模型进行研究。与PA分子组成类似的L-精氨酸磷酸盐(LAP)晶体在紫外区具有良好的透过性，有效非线性光学系数约为磷酸二氢钾(KDP)晶体的2~3.5倍，并且可以实现高达90%以上的转化效率，是一种性质优异的非线性光学材料。其氘化晶体曾被认为是可以取代KDP晶体用于激光惯性约束核聚变等领域的首选材料，并在1988年获得国家技术发明一等奖。相比同类晶体，其非一般的高激光损伤阈值更是受到众多关注。

同时，LAP晶体具有远高于石英玻璃的受激布里渊散射(SBS)反射率以及较低的SBS阈值。此外，在LAP晶体激光损伤过程中，磷酸四面体的畸变；变温过程中特殊的可逆相变；质子固态核磁中超长的自旋晶格弛豫时间等现象也相继被报道。与PA分子组成类似的LAP分子表现出的这些特异性，目前还没有得到合理解释。因此，研究磷酸胍基间作用，对阐明LAP分子特殊性具有重要意义，也是探索LAP晶体能量作用过程与生物分子能量传输相关性的重要途径。

本书结合国内外基团间作用与非线性光学晶体研究进展，探讨了分子间作用在多学科中的研究现状与意义，采用多种手段详细探索了LAP晶体中的基团间作用，并以此设计制备了几种新晶体，对新晶体的结构与性质进行了表征。此外，采用第一性原理密度泛函理论与量子化学从头算方法对几种典型晶体的结构与性质进行了理论研究，从理论方面详细讨论了晶体分子中的基团间作用。希望本书能够为揭示LAP晶体特异性开辟新途径，为设计制备高性能电光晶体提供理论依据。

本书在写作过程中得到了山东大学许东教授、张光辉副教授和王新强教授的悉心指导和大力支持，在此表示衷心感谢。

本书的出版得到西安石油大学优秀学术著作出版基金资助并获得国家自然科学基金青年科学基金(项目编号51702257)、陕西省自然科学基础研究计划项目(项目编号2018JQ5123)和陕西省高校科协青年人才托举计划(项目编号20160221)的联合资助。

目　　录

CONTENTS

本书主要物理符号

a, b, c	晶胞基矢长度
α, β, γ	晶格基矢夹角
c	光速
D	密度
E	光电场，能量
e	电子电荷
F	力，自由能，几何结构因子
h	普朗克常数
$\hbar$	$h/2\pi$
K	消光系数
k	玻尔兹曼常数，波矢
N	晶胞中分子数
m	质量
n	折射率
P	电极化矢量
s, p, d, f	原子轨道
T	温度
V	体积
v	速度
ε	介电常数
λ	波长
ω	角频率
μ_i	偶极矩
α_{ij}	极化率
β_{ijk}	一阶超极化率
δ	化学位移，分布系数
θ	角度

第1章　分子间作用

1　基本概念

物质是由分子组成的，每一个单分子的化学性质通常由共价键决定，但是分子间作用决定了分子组成物质的结构，更决定了分子结构的稳定性、分子的几何排列、物质的稳定能，甚至物质的存在状态。

如果分子能够凝聚在一起形成液态或固态，表明分子间具有吸引力；物质的不易被压缩，则表明了分子间的排斥力。分子间的这种相互作用(也称分子间弱相互作用，2~10kJ/mol)，是除共价键、离子键和金属键之外的分子间相互作用力的总称。

在许多物理现象中可以看到，分子间作用主要表现为吸引力和排斥力。而吸引力和排斥力的根源，又被分为“长程效应”与“短程效应”两种类型，“长程效应”的能量与分子间距离成逆幂关系，而“短程效应”的能量随分子间距离呈指数递减。

2　分类

在1930年，London就把分子间相互作用力分为了4个组成部分：静电相互作用能、诱导能、色散能和交换排斥能。其中，静电相互作用能、诱导能、色散能属于“长程效应”，而交换排斥能属于“短程效应”。这四种作用力的综合效应又被统称为范德华力，范德华力不但存在于不同分子之间，而且存在于同一分子内的非键合原子之间。而范德华力的引力与距离的6次方成反比，排斥力与距离的12次方成反比。

氢键作用也是分子间作用研究不可忽视的组成部分。

除了范德华力以及氢键这些最常见和最重要的形式以外，许多新的分子间作用已经被提出。诸如双氢键、反氢键、卤键和弱共价作用等。

2.1　静电相互作用

静电能来自永久偶极矩之间的相互作用，即两个分子的静态电荷分布之间的相互作用。静电相互作用是严格地成对增减，它可以是吸引的，也可以是排斥的。

由于极性分子的电荷分布不均匀，一端带正电，一端带负电，形成偶极子。因此，当两个极性分子相互接近时，由于它们偶极的同极相斥、异极相吸，两个分子必将发生相对转动。偶极子的互相转动，使偶极子相反的极相对。这时由于相反的极相距较近，同极相距较远，结果引力大于斥力，两个分子靠近，当接近到一定距离之后，斥力与引力达到相对平衡。静电能的大小与偶极矩的平方成正比，通常发生在极性分子与极性分子之间。

2.2 诱导力

当一个特定分子处于由其周围分子产生的电场中时，它的电荷分布可能会发生畸变，由此产生诱导能，通常表现为吸引力。由于诱导能来自永久偶极矩和诱导偶极矩之间的相互作用，在极性分子和非极性分子之间以及极性分子和极性分子之间都存在诱导力。

在极性分子和非极性分子之间，由于极性分子偶极所产生的电场对非极性分子的影响，使非极性分子电子云畸变(即电子云被吸向极性分子偶极的正电的一极)，结果使非极性分子的电子云与原子核发生相对位移，本来非极性分子中的正、负电荷重心是重合的，相对位移后就不再重合，使非极性分子产生了偶极。由于周围电场的影响，电荷重心发生相对位移而产生的偶极，叫做诱导偶极，以区别于极性分子中原有的固有偶极。

诱导偶极和固有偶极就相互吸引，这种由于诱导偶极而产生的作用力，叫做诱导力。同样，在极性分子和极性分子之间，除了静电相互作用外，由于极性分子的相互影响，每个分子也会发生变形，产生诱导偶极。其结果使分子的偶极矩增大，既具有静电相互作用又具有诱导力。在阳离子和阴离子之间也会出现诱导力。诱导力的大小与非极性分子极化率和极性分子偶极矩的乘积成正比。

2.3 色散力

非极性分子之间也有相互作用。传统理论来看，非极性分子不具有偶极，它们之间似乎不会产生引力，然而事实上却非如此。例如，某些由非极性分子组成的物质，如苯在室温下是液体，碘、萘是固体；又如在低温下，N_2、O_2、H_2 和稀有气体等都能凝结为液体甚至固体。这些都说明非极性分子之间也存在着分子间的引力。

当非极性分子相互接近时，由于每个分子的电子不断运动和原子核的不断振动，经常发生电子云和原子核之间的瞬时相对位移，也即正、负电荷重心发生了瞬时的不重合，从而产生瞬时偶极。而这种瞬时偶极又会诱导邻近分子也产生和它相吸引的瞬时偶极。虽然，瞬时偶极存在时间极短，但上述情况在不断重复着，使得分子间始终存在着引力，这种力可从量子力学理论计算出来，而其计算公式与光色散公式相似，因此，把这种力叫做色散力。色散力的平均效应是使分子系统能量降低，因为当分子相互接近时，其相关效应变强，色散里也通常表现为吸引力。

由于静电相互作用、诱导力和色散力在分子距离较大时依然存在，因而被归结为“长程效应”。然而，它们仍然存在于短距离，即使当分子强烈重叠时。

2.4 交换排斥能

交换排斥能是基于 Pauli 原理的排斥效应，由于分子波函数的重叠，使分子之间电子交换成为可能。这种现象被描述为交换排斥或交换。

它可以被认为包括两个效应：吸引力的部分，来源于电子在两个分子上自由移动而不是仅仅在一个分子上移动，增加了电子位置的不确定性，从而导致的多分子系统动量和能量降低；排斥力的部分，因为电子波函数必须遵守 Pauli 反对称原理，具有相同自旋的电子在空间中互相回避，不会在同一位置出现，平均距离增加，如同产生了排斥力。后者占主导地位时，会导致整体表现为排斥效应。

2.5 氢键

氢键作用是人们研究得最早的分子间弱相互作用，是分子间相互作用研究的一个重要组成部分。

氢键作用广泛存在于分子间。它影响着许多物质的存在状态以及许多重要的物理性质如熔点、沸点、溶解度等。水、甲醇、乙醇等的分子缔合现象，蛋白质和核酸等生物大分子的立体结构，许多超分子体系等，都含有氢键，存在着多氢键的协同作用。氢键也是生命系统中分子间的一类重要的相互作用，发生于质子给予体和质子接受体之间，是一种在流动的氢原子和电负性很强的杂原子(F、O、N、Cl 和 S)之间起作用的键。

在许多研究领域都涉及因氢键而发生的结构效应，它在分子化学、物理性质等改变中起着重要的作用，氢键形成原因和特点是分子结构研究的基础。

1. 氢键的形成原因

当电负性很强的元素 X 与氢原子形成共价键时，共用电子被强烈的吸向元素，而使原子显正电性。而且 H 只有一个电子，这样原子核几乎裸露出来，近乎于质子状态。此时原子的半径很小，因而无内层电子且带部分正电荷的氢原子，和附近另一个电负性很大、含有孤对电子并带有部分负电荷的原子有可能充分靠近，从而产生静电吸引作用，即产生氢键 X—H…Y。

2. 氢键形成的条件

（1）要有一个与电负性很大的元素 X 形成强极性键的氢原子。

（2）要有一个电负性很大，含有孤电子对并带有部分负电荷的原子 Y。

（3）X 和 Y 的原子半径要小。这样空间位阻碍小。一般来说能形成氢键的元素为 N、O、F。

3. 氢键的特点

（1）氢键的键能只有几十 kJ/mol，大于通常的范德华力，但要远小于一般的化学键能，即氢键是一种很弱的键。

（2）氢键具有方向性和饱和性，但本质上与共价键的方向性和饱和性不同。氢键方向性的特点是形成氢键 X—H…Y 的三个原子在同一方向上。这是由于这样的方向使得成键两原子电子云之间的排斥力最小，形成的氢键最强，体系也更稳定。氢键具有饱和性的特点是指每一个 X—H 只能与一个 Y 原子形成氢键。这是由于原子的半径很小，若再有一个原子接近时，会受到 X、Y 原子电子云的强烈排斥。

（3）分子内也存在氢键。除了上面讲的分子间可以形成氢键外，像 HNO_3 分子，苯酚的邻位上有—NO_2、—COOH、—CHO、—$CONH_3$ 等基团也可以形成分子内的氢键。

4. 氢键的形成对物质性质的影响

（1）分子间有氢键，必须额外提供一份能量来破坏分子间的氢键，一般物质的熔点、沸点、熔化热、汽化热、黏度等都会增大，而蒸汽压则减小。另外，分子间氢键还是分子缔合的主要原因。

（2）分子内氢键则使物质的熔点、沸点、熔化热、汽化热减小，还会影响溶解度。

2.6 其他分子间作用

除了范德华力和氢键这两种最重要的形式以外，一些新的分子间作用相继被提出。

随着对氢键的不断研究，氢键的范围也在不断扩大。研究发现，在特殊的化学环境下，C、I、S、Se、Te 这些原子半径大、电负性小的原子、过渡金属原子、烯、炔、芳香族化合物等都能形成氢键。从经典强氢键 O—H…O 到非经典 C—H…Y 氢键，再到过渡金属原子直接参与的 M—H…O，O—H…M，N—H…M 及 H…H 双氢键等体系，使氢键的研究内容大大丰富。这些 X—H…Y 相互作用的本质是有方向性的、弱相吸的。它们的确在晶体结构中出现了，并且不同程度地决定了晶体的结构，影响了化合物的物理和化学性质。

尽管早在1954年Hassel就第一次对卤键做了描述，但是直到2007年卤键的性质才被首次得到解释：卤键指的是卤族原子的亲电子区域和路易斯碱的亲核区域之间的相互作用。卤键在某种程度上和氢键是相类似的，它们都属于比较弱的相互作用。当氢原子被卤素原子取代后，卤键就形成了。和氢键的描述方式相似，卤键也可以表示为D—X···A，其中X可以是氯原子、溴原子或者碘原子。实际上，当氟原子遇到强的吸电子基团或者非常强的路易斯碱的时候，氟原子也可以参与形成卤键。卤键在晶体设计、超分子结构、新高值材料、药物设计、超分子化学和物理有机化学等领域中同样扮演着重要的角色。

锂元素与氢元素都位于元素周期表中第IA族，锂原子的电子结构与氢原子极为相似，也可以形成与氢键相似的相互作用，Shigorin称之为“锂键”。

第V族元素(O、S、Se、Te、Po)与卤原子有一定的相似性，在形成共价键时硫属原子的一端也能够产生静电势正值区域，形成非共价作用。

Kiefer等在研究有机汞卤化物时观察到分子内卤素原子与汞原子之间存在长距离弱的共价相互作用力，引入二级价键力的概念，二级化学键是既存在于分子内部，又存在于分子之间的“弱共价作用力”，分子间的弱共价作用力是与范德华力(弱静电相互作用)不同的分子间作用力，该作用力是分子间普遍存在的，是分子间作用力的重要组成部分，而且这种作用力在一定条件下可以转化为化学键。

X—H···π是一种缺电子的H原子与多重键的π电子或是共轭体系的π电子之间形成的一种分子间弱相互作用。早在1946年，Dewar就提出π型体系化合物也可以作为π型质子受体，但直到1971年，Morokuma和他的合作者才第一次对这种分子间弱相互作用进行了理论计算。Mons、Micheal等将它称为π型氢键。

π—π相互作用是分子间配键作用的一种。配合物由分子与分子结合而成。通常由容易给出电子的分子(电子给予体或路易斯碱)与容易接受电子的分子(电子接受体或路易斯酸)，两个或多个分子结合而成，称为分子间配合物。具有成键π轨道的给予体分子，与具有反键π轨道的接受体分子间的作用，此即π—π相互作用。

3 应用与发展

近年来，由于分子间作用在分子识别、离子载体的选择性、晶体的自组装、分子簇的形成等各方面所起的决定性作用，分子间弱相互作用已引起了越来越多的理论和实验工作者的广泛关注，并逐渐成为材料，物理，化学，生命科学等学科研究领域中最为活跃的前沿热点之一。在过去的几十年中，分子间相互作用的研究得到了快速的发展。

分子间相互作用虽然比共价键、离子键等化学键的作用力要弱得多，但却是许多化学、生物和物理现象发生的主要原因。在新药的合成与设计、晶体材料工程和功能材料的性质等研究中，分子间相互作用的地位举足轻重。

3.1 生命科学相关研究

1988 年的《化学评论》专题中指出“分子间相互作用力以及分子间复合物对于生物体系的结构和反应性来说，就像化学学科中的共价键一样”。在生物分子体系中，分子间弱相互作用是一类普遍存在的重要角色，在许多生物结构和生物反应中起着关键作用。

在蛋白质多肽主链上的羰基氧和酰氨氢之间形成的氢键作用，便是维持蛋白质二级结构的主要作用力。而在维持其三级结构的作用力中，分子间相互作用也起着非常重要的作用，大多数蛋白质所采取的折叠方式便是使主链肽之间形成最大数目的分子内、分子间相互作用(如 α—螺旋、β—折叠)，与此同时，保持大部分有可能形成分子间相互作用的侧链处于蛋白质分子的表面，使之尽可能地可与水等分子形成分子间相互作用。

此外，在另一类重要的生物大分子——核酸中，也是由于分子间相互作用，使四种碱基形成特异的配对关系，从而为核酸包含生物体的遗传信息、参与遗传信息在细胞内的表达、促成并控制代谢过程等提供了可能。

可以说，分子间相互作用是维持生物系统的结构的重要作用力之一。而且，对于许多生物反应过程，如复杂生物大分子的“自我装配”；酶的催化过程，以及一些生物分子的分子识别等过程中，分子间相互作用也是一种重要的作用力。

通过分子间弱相互作用可以形成生物超分子体系。所谓超分子体系是指由两个或两个以上的分子单元通过分子间作用力而不是化学键结合的复合体系，如 DNA 的双螺旋结构、酶与底物的复合物及药物与受体的复合物等。DNA 和 RNA 中碱基对的堆积作用及生物大分子二级、三级和四级结构的稳定作用，蛋白质的折叠，酶与底物的识别及底物对酶的激活作用，药物和受体的结合等各方面都与分子间相互作用有关。

超分子体系的研究已经形成了一门新的分支学科——超分子化学。有关超分子体系的理论和实验研究现已成为化学、生命科学、材料科学和信息科学等领域研究的热点。

3.2 物理与化学相关研究

在物理学科中，分子间相互作用在原子、离子和分子的弹性及非弹性碰撞以及它们伴随的挥发和离子化现象的研究中也具有十分重要的角色。一般而言，在一定大气压下，物质的熔点与有机分子的对称性以及分子间的弱相互作用力密切相关。分子的对称性越好，在固体状态下其堆积密度越高，产生的晶格能也越高，有利于熔点的升高；此外，分子间的作用力增大，也有利于熔点的升高。另一方面，在一定大气压下，有机化合物的沸点在很大程度上取决于分子间的弱相互作用的大小。在特定温度下，有机分子自身拥有一定的动能，它总是试图让自身摆脱其他分子的束缚，成为气相中的自由分子。分子间的弱相互作用力越大，分子由液相进入气相所需要的能量将越高，即沸点越高。

在 Lehn，Cram 和 Pederson 由于对冠醚类化合物的工作而获得了诺贝尔化学奖之前，分子间弱相互作用力的研究对象就已经拓展到了分子识别和主客体作用，诞生了超分子化学。超分子化学被定义为“研究分子组装和分子间作用力的化学”。它的研究更侧重于研究两个或更多的化学分子组成的复杂大分子，以及组成这些大分子所依赖的分子间作用力。

超分子化学涵盖了比分子本身更复杂得多的化学物种的化学、物理和生物学特征，主要包括以下两个方面：分子识别和自组装。分子识别的早期研究起源于冠醚对金属离子的络合研究，早期也称为主体——客体化学。分子识别是一种人工受体和小分子之间的选择性相互结合，而不是单纯的分子间相互作用。

自组装是指分子与分子在一定条件下，依赖非共价键分子间作用力自发连接成结构稳定的分子聚集体的过程。自组装是超分子化学中极为重要的一个研究内容，这不仅是因为为数众多的生物超分子结构来源于自组装，更是因为分子器件、超分子材料的构筑都是以自组装为基础的，利用具有不同功能的单体来组装结构复杂的多功能材料已经成为材料研制的一个新方向。

另外一方面，疏水亲脂相互作用是一种对溶剂性质依赖很强的分子间作用力，有机分子溶解于水后，水分子要保持原有的结构而排斥有机分子的倾向称为疏水作用，而有机分子之间的范德华吸引力称为亲脂作用。一般情况下，疏水作用和亲脂作用同时并存，很难将二者分开来定量分析，通常认为两者中疏水作用具有相对的重要性，然而在一定条件下它们也可以独立存在。疏水亲脂相互作用驱动的簇集和自卷曲是非极性或弱极性有机分子普遍存在的一种物理现象，也是形成聚集体、胶束、囊泡、生物膜，甚至细胞等更高级结构或体系的基础。

在水或水-有机溶剂混合体系中，中性长链有机分子由于受到疏水亲脂相互作用，发生“自我簇集”，即碳氢链像发夹一样自卷起来，这一现象称为分子自卷曲。分子发生自卷曲后，分子中原来相距较远的部分被拉近，这一现象已被成功运用于大环的合成。

3.3 材料科学相关研究

长期以来，光/电功能材料及其器件与应用受到人们的广泛关注，如何运用物理化学的基本原理从分子/原子及其聚集体(或团簇)的尺度上进行结构识别研究和相互作用调控从而实现材料特殊功能是材料物理化学研究的特色。

氢键的稳定性、方向性和饱和性，使分子间氢键作用在材料科学上的研究倍受关注。近年来，人们将氢键的导向性应用于晶体工程中，把一定的结构单元或功能单元按照某种所希望的方式组装起来，试图得到有用的光、电、磁材料。

基于西佛碱类化合物在催化、光电和液晶方面的应用前景，孙迎辉等设计合成了一种双吡啶基双西佛碱化合物。该化合物分子中的烯氨和吡啶中的N原子作为氢键的受体，C—H作为氢键给体，形成了C—H…N弱氢键，通过这种分子间弱氢键的协同作用形成该化合物的超分子网络结构。

基于分子间作用的超分子自组装在光电材料、人体组织材料、高性能高效率分离材料及纳米材料中发挥着重要作用。分子自组装的天然例子就是蚕丝的自组装。蚕丝的丝蛋白单元长度大约是1μm，但是单根蚕丝可通过单元的自组装生成超过1km长的丝质材料，这大约是蚕丝蛋白单元的两百万倍。如此惊人的自组装工程是目前人类技术无法实现的。又如每个核苷酸单元约是0.34 nm，人体内的第22条染色体通过自组装能延伸至大约1.2 cm，是单体的3500万倍。新型的超分子组装体如轮烷(rotaxanes)、索烃(catenanes)、分子结(knots)、螺旋体(duplexes)、分子拉链(moleeularzippers)、分子折叠体(foldamers)、超分子微球体(suprajn leeuzareapsules)、玫瑰型聚集体(Supramole ularrosettes)、氢键纳米管(nanotubes)等不断的被报道发现。

电荷迁移复合物(CTC)是由电子给体(D)和电子受体(A)之间通过电荷迁移形成的分子间化合物，有基态电荷迁移复合物、激发态电荷迁移复合物及接触电荷迁移复合物。这种通过分子间电荷迁移而成的复合物的条件比较温和，常在室温或低于室温时即能迅速生成。有研究表明，过渡金属酞菁与C_{60}可形成荷移复合物，并对这种荷移复合物在半导体GaAs上构成复合电极的光伏效应进行研究，发现比金属酞菁有更为良好的光生电压与光生电流。

近年来，镧系离子正被研究为发光镧系超分子材料，其中有以多个联吡啶(或邻菲咯琳)与镧系离子构成穴状超分子，是发光镧系超分子研究进展中最快、成果最多的新领域，该超分子体系在紫外区强吸收，能有效地传递能量，可在生命科学中用作识别生物分子，探测生物大分子结构的探针及荧光标记。

在水热合成制备纳米材料中，反应温度与时间对产物形貌及晶体生长过程有重要影响，研究者采用一种简单的水热合成方法，利用分子弱相互作用控制制备出了氧化铁纳米线、微胶囊和刻蚀微胶囊，并得到了两种具有不同电催化活性的钯纳米颗粒聚集体。以水和丙酮的混合物作溶剂得到的钯纳米颗粒的平均尺寸约为 9nm，比以纯水作溶剂制备的平均尺寸为 14nm 的颗粒要小。

伍山平按照摩尔比 1∶1 自组装合成了一种新型双钼超分子加合物，晶体结构中存在 C—H…F 氢键、F…F 弱作用、氧与五氟苯环间的静电吸引作用以及苯环间的 π—π 堆积作用和五氟苯环与苯环间的 π—π 堆积作用。这些弱作用对超分子的构筑起着举足轻重的作用，其中五氟苯环与苯环间的 π—π 堆积作用决定着加合物中双钼分子间的堆积方式。

4　磷酸胍基作用

在生物体内的能量存储和传递过程中，磷酸化合物占有重要地位，三磷酸腺苷(ATP)是高能磷酸化合物的典型代表，其分子中的酸酐键水解时能释放出大量自由能，是生命活动能量的直接来源，ATP 水解释放能量后产生二磷酸腺苷(ADP)和游离的磷酸根离子。生物体内 ATP 的含量很低，在一般细胞中浓度为 1～10mmol · L^{-1}，当生物体剧烈运动、受环境应激因素影响时，则需要水解大量 ATP，这意味着 ATP 分子会被不断地消耗和补充。

在无脊椎动物体内，精氨酸磷酸(Phosphate Arginine，简称“PA”)作为主要的磷源和能量存储单元而广泛存在。当无脊椎动物生命活动能量消耗引起 ATP 含量降低时，PA 在精氨酸激酶的作用下，以转移磷酸基团的形式，将其分子内含有的生物能传递给 ADP，ADP 得到磷酸基团及其能量成为 ATP，从而生命体内 ATP 含量得到维持。图 1-1 是描述无脊椎动物体内 PA 在 ATP 与 ADP 转换中作用的示意图。

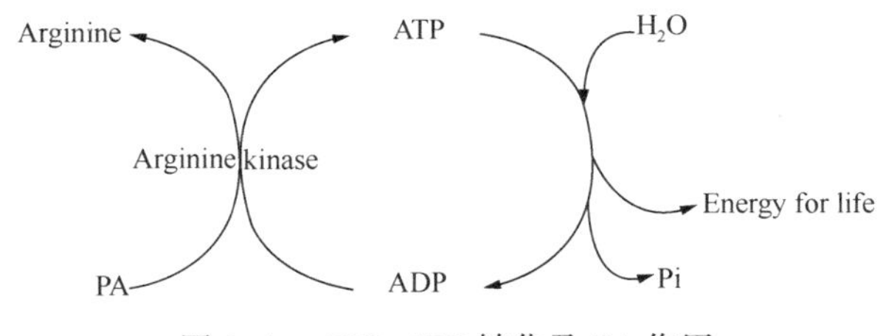

图 1-1　ADP-ATP 转化及 PA 作用

多方面的研究表明，PA 对生物能量的存储与传递功能机制，主要在于两点：PA 分子中磷酸与胍基间超强的相互作用形成的高能 N—P 键，基团间作用的变化使分子能量存储或释放；PA 分子精氨酸部分的分子构象，存在不同能量之间的转变。如图 1-2 所示，在能量输入时，精氨酸分子构象由伸展型转变为弯曲型，分子含有较高能量，能量转移之后，分子构象则有复原为伸展型的趋势，通过不同自由能的分子构象间转换实现能量的传递，而精氨酸分子胍基与磷酸基团之间的相互作用是驱动精氨酸分子构象在伸展型和弯曲型之间转变的关键因素。

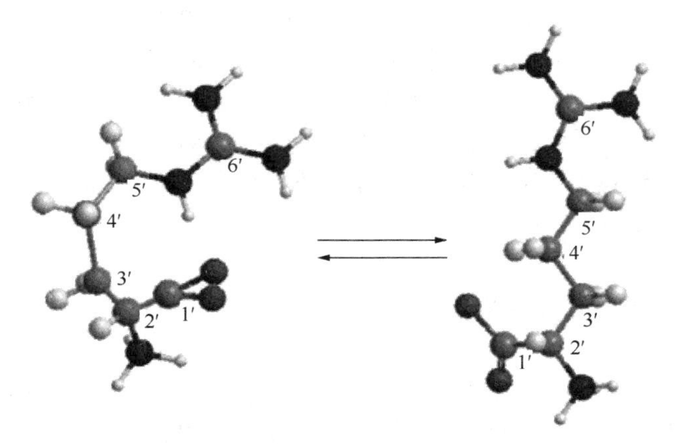

图 1-2　精氨酸在生物体内传递能量过程中分子构象变化的示意图

4.1　生物化学中的磷酸胍基作用

在生物环境中的分子生化功能中，磷酸与胍基间特殊非共价键作用扮演着重要角色。

A. S. Woods 等在采用质谱研究蛋白质相互作用中发现，不同蛋白质分子上的精氨酸残基上胍基和磷酸残基间会形成类似共价键的静电相互作用，如图 1-3 所示，并且该静电引力在调制蛋白质分子磷酸化及去磷酸化中具有重要作用，该作用最有可能代表蛋白质分子间作用机制。

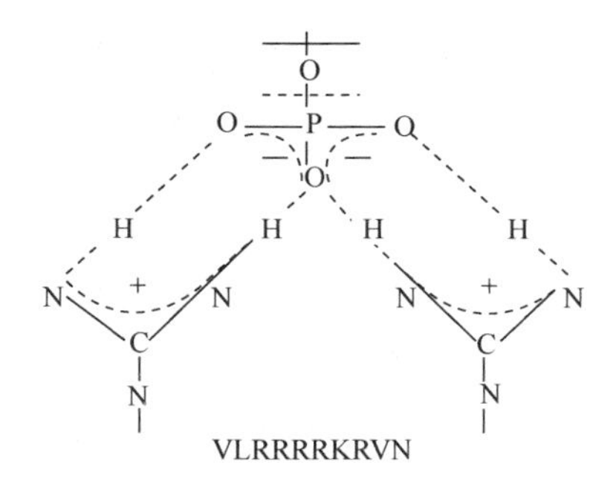

图 1-3　精氨酸上胍基与磷酸化丝氨酸上磷酸基团间的静电相互作用

D. J. Mandell 等对比研究了几种蛋白质氨基酸边链的磷酸化情况，发现精氨酸边链上胍基与磷酸更加容易产生稳定的相互作用，形成更强的盐桥连接。

M. Tang 等通过固态核磁技术发现，在膜蛋白结构的形成和其生化功能中，磷酸与胍基间氢键作用扮演了重要角色。

4.2 晶体材料

在 20 世纪 70 年代，科学家 F. A. Cotton 等就以磷酸甲基胍，磷酸二甲基胍晶体结构中磷酸与胍基间氢键作用，作为生物体中该类非共价键作用的模型，而对其进行了详细研究。该研究认为分子间作用力及其迁移变化，对生物体内分子的生物化学反应情况有指导意义。当时的研究报道中就提到了 L-精氨酸磷酸盐（LAP）晶体，认为 LAP 晶体结构中磷酸与胍基的关系更类似于生物分子的化学状态，但由于 LAP 晶体结构的复杂性而没有进行讨论。

如图 1-4 所示，LAP 晶体存在着与 PA 分子类似的组成基元，虽然晶体分子中磷酸与胍基间没有形成与 PA 分子相同的“高能磷酸键”N—P 键，但在生物化学中，精氨酸胍基和磷酸基团间特殊的相互作用对分子的性质和功能也具有重要意义。

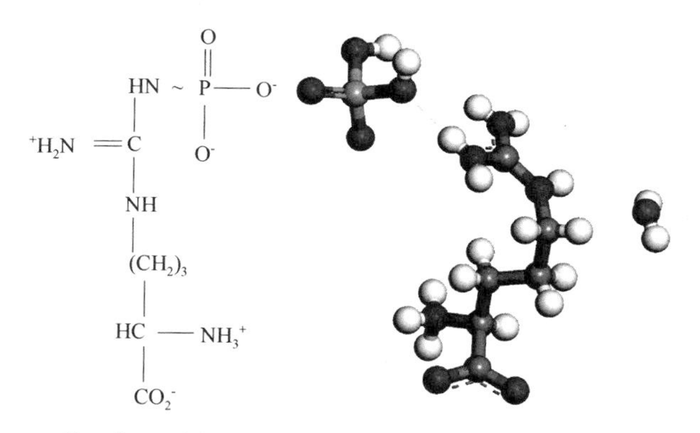

图 1-4 PA 和 LAP 分子示意图

LAP 晶体是 20 世纪 80 年代，山东大学科研人员采用 L-精氨酸和磷酸在水溶液中通过酸碱反应，首次发现的一种非线性光学晶体。该晶体属于单斜晶系，空间群为 P21，a = 7.333 Å，b = 7.93 Å，c = 10.81 Å，β = 98.0 °。LAP 晶体在紫外区具有良好的透过性，它的有效非线性光学系数约为 KDP 晶体的 2~3.5 倍且能够实现位相匹配。LAP 晶体尤其是氘化后的 DLAP 晶体在非线性光学应用中，不仅能够实现 90 %以上的高转换效率，而且具有高的激光损伤阈值。LAP 晶体所具备的高转化效率和极其优异的抗激光损伤能力，使它曾被认为是可以代替 KDP 晶体应用在激光惯性约束核聚变等领域的光学材料，因而受到了世界范围内的高度关注和重视。

1989 年，美国利弗摩尔实验室 D. Eimerl 等详细研究了 DLAP 的综合性能，并对 LAP、DLAP、KTP、KDP 晶体的抗激光损伤性质进行了对比分析，提出了 DLAP 晶体可以在激光核聚变等领域成为取代 KDP 的候选材料。对于 LAP 晶体的激光损伤机制，研究认为是晶体生长过程中引入的杂质吸收所导致。

传统理论也认为，介质对激光的本征吸收性质是决定其抗光损伤性能的主要内在因素，因此晶体对激光的吸收不利于其抗激光损伤能力。1989~1990 年，日本科学家 A. Yokotani 等研究了 LAP 与 KDP 晶体在 1053nm 处的吸收情况，其吸收系数分别为 $0.09cm^{-1}$ 和 $0.05cm^{-1}$。同时，他们也对 LAP、DLAP、KDP 和 SiO_2 晶体的激光损伤阈值进行了对比研究。如表 1-1 所示，在 1053nm 波长，1 ns 脉宽的激光条件下，LAP、DLAP 晶体的激光损伤阈值分别高达 $63GW/cm^2$ 和 $87GW/cm^2$，高于相同激光条件下 KDP 晶体约半个数量级。LAP 晶体在具有较强吸收的情况下，却表现出了如此高的激光损伤阈值，这一现象使得其高抗光损伤性能更加难以解释。

表 1-1　LAP、DLAP、KDP、SiO_2 晶体在不同激光条件下的激光损伤阈值

激光波长/nm	脉冲时间/ns	激光损伤阈值			
		SiO_2	KDP	LAP	DLAP
1053	1	25	18	63	87
	25	9	4	13	33
526	0.6	25	9	60	67
	20	7	3	30	38

1997~1998 年，日本科学家 H. Yoshida 等详细地研究了 LAP 和 DLAP 晶体的受激布里渊散射(SBS)性能。研究发现 LAP、DLAP 晶体具有较低的 SBS 阈值和较高的 SBS 反射率：在波长为 1064nm，脉宽为 18ns 的入射激光下，晶体的 SBS 阈值分别为 4.2mJ 和 1.6mJ，激光作用容易导致晶体产生 SBS 效应，同时其 SBS 反射率分别达到了 59% 和 78%，远高于石英玻璃的 17%。该研究认为 LAP 和 DLAP 晶体的激光损伤与它们的 SBS 效应有密切联系。

除了 LAP 晶体在不同脉冲激光下表现的特殊高损伤阈值以及受激布里渊散射性能，研究者在探索 LAP 晶体激光损伤机制的过程中，也发现了 LAP 晶体在温度及磁场能量作用下的一些独特现象。在 LAP 晶体变温粉末 X 射线衍射实验中，随温度升高，粉末衍射谱中出现新的衍射峰，当温度保持在 90℃ 时，新的衍射峰逐渐增强，当降温至室温较长时间后，新的衍射峰才消失，表明 LAP 晶体在温度变化时发生了特殊的可逆相变；同时，在一系列 L-精氨酸盐晶体固态核磁实验时，发现LAP晶体的质子自旋-晶格弛豫时间超长，几乎超出其他L-精氨酸盐晶体两个数量级。

LAP晶体在热能、光能、磁场等能量形式作用下表现出的异常现象，必然与其晶体结构及分子特殊性相关。然而，对于LAP晶体能量作用下的这些特异性，目前还没有得到合理解释。有学者认为在激光、热、磁场等能量作用下，LAP晶体中原子、分子间相互作用距离和作用力受到影响，磷酸根四面体与L-精氨酸分子的构象（如键长、键角、电荷分布、分子间作用力等）将发生变化，尤其是分子内的磷酸与胍基间相互作用可能赋予LAP晶体对能量的特殊处理功能。在一些研究报道中，采用微区拉曼技术，发现了LAP晶体激光损伤过程中，晶体结构中磷酸四面体的畸变；采用圆二色谱结合计算模拟等技术，也在非生物化学环境下，发现了磷酸溶液中L-精氨酸分子不同能量构象转变。

参考文献

[1] 麦松威，周公度，李伟基．高等无机结构化学[M]．北京：北京大学出版社，2014.

[2] Stone A J. The theory of intermolecularforces[M]. Oxford University Press, 2013.

[3] Engkvist O, Astrand P O, Karlström G. Accurate Intermolecular Potentials Obtained from Molecular Wave Functions: Bridging the Gap between Quantum Chemistry and Molecular Simulations[J]. Chemical Reviews, 2000, 100(11): 4087.

[4] 吴俊勇．一些分子间相互作用的本质研究[D]．北京：北京化工大学，2007.

[5] 陈静．氢键作用的研究进展[J]．科技信息，2012(15)：186-189.

[6] Hassel O, Hvoslef J, Vihovde E H, Sörensen N A, et al. The Structure of Bromine 1, 4-Dioxanate[J]. Acta Chemica Scandinavica, 1954, 8(8): 873-876.

[7] Clark T, Hennemann M, Murray J S and Politzer P. Halogen bonding: the sigma-hole. Proceedings of "Modeling interactions in biomolecules II", Prague, September 5th-9th, 2005[J]. Journal of Molecular Modeling, 2007, 13(2): 291-296.

[8] Kolar M H and Hobza P. Computer Modeling of Halogen Bonds and Other sigma - Hole Interactions[J]. Chem Rev, 2016, 116(9): 5155-5187.

[9] Li Q, Li R, Liu Z, Li W, et al. Interplay between halogen bond and lithium bond in MCN-LiCN-XCCH (M = H, Li, and Na; X = Cl, Br, and I) complex: the enhancement of halogen bond by a lithium bond[J]. J Comput Chem, 2011, 32(15): 3296-3303.

[10] Kiefer E F, Gericke W. Nuclear magnetic resonance investigation of secondary valence forces. II. Intramolecular mercury-halogen coordination in 3-halopropylmercurycompounds[J]. Journal of the American Chemical Society, 1968, 90(19): 5131-5136.

[11] Mons M, Dimicoli I, Tardivel B, et al. Site Dependence of the Binding Energy of Water to Indole: Microscopic Approach to the Side Chain Hydration ofTryptophan[J]. Journal of Physical Chemistry A, 1999, 103(48): 9958-9965.

[12] 陈再鸿，李娟，林俊．分子间作用力在高科技中的研究与应用[J]．东莞理工学院学报，

1997(2)：70-74.

[13] 孙迎辉，叶开其，孔建飞，等. 基于弱氢键相互作用形成的层状有机超分子晶体[J]. 分子科学学报，2006，22(1)：7-10.

[14] 汪朝旭. 某些化合物分子间相互作用的理论研究[D]. 北京化工大学，2007.

[15] 王镜岩，沈同. 生物化学[M]. 高等教育出版社，2002.

[16] 赵新. 有机超分子自组装和分子折叠的一些研究[D]. 中国科学院上海有机化学研究所，2003.

[17] 位忠斌. 基于分子间弱相互作用调节的纳米材料水热合成[D]. 青岛：青岛大学，2012.

[18] Jeffrey G A，Saenger W. Hydrogen Bonding in BiologicalStructures[M]. Springer Berlin Heidelberg，1991.

[19] 李然，刘培培，隋会敏，等. 利用分子间弱相互作用检测三唑酮的 SERS 方法研究[C]. //第十八届全国分子光谱学术会议论文集. 2014：265-266.

[20] 伍山平. 一种新型双钼分子加合物的晶体结构及其分子间弱相互作用的研究[C]. //中国化学会第 28 届学术年会论文集. 2012：1-10.

[21] 肖涛，王维娜. 海洋无脊椎动物体内能量物质——磷酸精氨酸的研究进展[J]. 海洋湖沼通报，2006(2)：96-103.

[22] Fruton J S. Proteins，enzymes，genes - the interplay of chemistry and biology[M]. Yale University Press，1999.

[23] Meyerhof O. Über die verbreitung der argininphosphorsäure in der muskulatur der wirbellosen [J]. Arch. Sci. boil. Napoli，1928(12)：536-548.

[24] Arnold A，Luck J M. Studies on arginine Ⅲ，the arginine content of vertebrate and invertebrate muscle[J]. The Journal of Biological Chemistry，1933，99：677-691.

[25] Lewis S E，Fowler K S. In vitro Synthesis of Phosphoarginine by BlowflyMuscle[J]. Nature，1962，194(4834)：1178-1179.

[26] Sacktor B，Hurlbut E C. Regulation of metabolism in working muscle in vivo. II. Concentrations of adenine nucleotides，arginine phosphate，and inorganicphosphate in insect flight muscle during flight[J]. Journal of Biological Chemistry，1966，241(3)：632-634.

[27] Rao B D，Buttlaire D H，Cohn M. 31P NMR studies of the arginine kinase reaction. Equilibrium constants and exchange rates at stoichiometric enzymeconcentration[J]. Journal of Biological Chemistry，1976，251(22)：6981-6986.

[28] Furchgott R F，Zawadzki J V. The obligatory role of endothelial cells in the relaxation of arterial smooth muscle byacetylcholine[J]. Nature，1980，288(5789)：373-376.

[29] Chance B，Eleff S，Leigh J S，et al. Mitochondrial Regulation of Phosphocreatine/Inorganic Phosphate Ratios in Exercising Human Muscle：A Gated31P NMRStudy[J]. Proceedings of the National Academy of Sciences of the United States of America，1981，78(11)：6714-6718.

[30] Grieshaber M K，Hardewig I，Kreutzer U，et al. Physiological and metabolic responses to hypoxia in invertebrates [J]. Reviews of Physiology Biochemistry & Pharmacology，1994，125(125)：43-147.

[31] Gudrun D B，Robert B，Annemie V D L，et al. Effects of sublethal copper exposure on muscle

energy metabolism of common carp, measured by {sup 31} P-nuclear magnetic resonance spectroscopy[J]. Environmental Toxicology & Chemistry, 2010, 16(4): 676-684.

[32] Tjeerdema R S, Smith W S, Martello L B, et al. Interactions of chemical and natural stresses in the abalone (Haliotis rufescens) as measured by surface-Probe localized 31P NMR[J]. Marine Environmental Research, 1996, 42(96): 369-374.

[33] Platzer E, Wang W S, Borchardt D. Arginine kinase and phosphoarginine, a functional phosphagen, in the rhabditoid nematode steinernema carpocapsae[J]. Journal of Parasitology, 1999, 85(4): 603-607.

[34] Bailey D M, Peck L S, Bock C, et al. High-energy phosphate metabolism during exercise and recovery in temperate and Antarctic scallops: an in vivo 31P-NMRstudy[J]. Physiological and Biochemical Zoology, 2003, 76(5): 622-633.

[35] Pereira C A, Alonso G D, Ivaldi S, et al. Arginine kinase overexpression improves Trypanosoma cruzi survival capability[J]. Febs Letters, 2003, 554(1-2): 201-205.

[36] Xian L, Liu S, Ma Y, Lu G. Influence of hydrogen bonds on charge distribution and conformation of L-arginine[J]. Spectrochim ActaA Mol Biomol Spectrosc, 2007, 67(2): 368-371.

[37] Olken N M, Marletta M A. NG-Methyl-L-arginine functions as an alternate substrate and mechanism-based inhibitor of nitric oxidesynthase[J]. Biochemistry, 1993, 32(37): 9677-9685.

[38] Stuehr D J, Kwon N S, Nathan C F, Griffith O W, Feldman P L, Wiseman J. N omega-hydroxy-L-arginine is an intermediate in the biosynthesis of nitric oxide from L-arginine[J]. Journal of Biological Chemistry, 1991, 266(10): 6259-6263.

[39] Noji H, Yasuda R, Yoshida M, Kinosita Ket. Direct observation of the rotation of F1-ATPase [J]. Nature, 1997, 386(6622): 299-302.

[40] Morales M E, Santillán M B, Jáuregui E A, Giuffo G M. Conformational behavior of l-arginine and N G-hydroxy-l-arginine substrates of the NO synthase[J]. Journal of Molecular Structure Theochem, 2002, 582(1-3): 119-128.

[41] Nadanaciva S, Weber J, Susan Wilkemounts A, Senior A E. Importance of F1-ATPase Residue α-Arg-376 for Catalytic Transition State Stabilization†[J]. Biochemistry, 1999, 38(47): 15493-15499.

[42] SeniorA E, Nadanaciva S, Weber J. The molecular mechanism of ATP synthesis by F1F0-ATP synthase[J]. Biochimica Et Biophysica Acta, 2002, 1553(3): 188-211.

[43] Grieshaber M K, Hardewig I, Kreutzer U, et al. Physiological and metabolic responses to hypoxia in invertebrates[J]. Reviews of Physiology Biochemistry & Pharmacology, 1994 (125): 43-147.

[44] Schug K A, Lindner W. Noncovalent Binding Between Guanidinium and Anionic Groups: Focus on Biological- and Synthetic-Based Arginine/Guanidinium Interactions withPhosph[on]ate and Sulf[on]ate Residues[J]. Chemical Reviews, 2005, 36(16): 67-114.

[45] Woods A S, Ferré S. Amazing stability of the arginine-phosphate electrostaticinteraction[J]. Journal of Proteome Research, 2005(4): 1397-1402.

[46] Jackson S N, Wang H Y, Woods A S. Study of the fragmentation patterns of the phosphate-arginine noncovalentbond[J]. Journal of Proteome Research, 2005, 4(6): 2360-2363.

[47] Mandell D J, Chorny I, Groban E S, Wong S E, Levine E, Rapp C S, Jacobson M P. Strengths of hydrogen bonds involving phosphorylated amino acid side chains[J]. Journal of the American Chemical Society, 2016, 129(4): 820-827.

[48] Tang M, Waring A, Lehrer R, Hong M. Effects of Guanidinium - Phosphate Hydrogen Bonding on the Membrane - Bound Structure and Activity of an Arginine - Rich Membrane Peptide from Solid - State NMR Spectroscopy[J]. Angewandte Chemie International Edition, 2008 (47): 3202-3205.

[49] Cotton F A, Day V W, Jr H E, Larsen S. Structure of methylguanidinium dihydrogenorthophosphate. A model compound for arginine-phosphate hydrogen bonding[J]. Journal of the American Chemical Society, 1973, 95(15): 4834-4840.

[50] Cotton F A, Day V W, Jr H E, Larsen S, Wong S T K. Structure of bis(methylguanidinium) monohydrogen orthophosphate. Model for the arginine-phosphate interactions at the active site of staphylococcal nuclease and other phosphohydrolytic enzymes[J]. Journal of the American Chemical Society, 1974, 96(14): 4471-4478.

[51] Ennor A H, Morrison J F, Rosenberg H. The isolation ofphosphoarginine[J]. Biochemical Journal, 1956, 62(3): 358.

[52] Bolte J, Whitesides G M. Enzymatic synthesis of arginine phosphate with coupled ATP cofactorregeneration[J]. Bioorganic Chemistry, 1984, 12(2): 170-175.

[53] Viant M R, Rosenblum E S, Tjeerdema R S. Optimized method for the determination of phosphoarginine in abalone tissue by high-performance liquid chromatography[J]. Journal of Chromatography B Biomedical Sciences & Applications, 2001, 765(1): 107-111.

[54] Fuhrmann J, Mierzwa B, Trentini D B, Spiess S, Lehner A, Charpentier E, Clausene T. Structural Basis for Recognizing Phosphoarginine andeVolvingResidue-Specific Protein Phosphatases in Gram-Positive Bacteria[J]. Cell Reports, 2013, 3(6): 1832-1839.

[55] 许东，蒋民华，谭忠恪．一种新的有机非线性光学晶体——L-精氨酸磷酸盐[J]. 化学学报，1983，41(6)：570-573.

[56] 许东，蒋民华，邵宗书．关于 LAP 晶体的分子基团和主要性能关系的研究[J]. 山东大学学报：理学版，1986(S1)：6-13.

[57] 许东，蒋民华．新型紫外倍频材料 LAP 晶体生长特征的研究[J]. 山东大学学报：理学版，1988(3)：108-117.

[58] Eimerl D, Velsko S, Davis L, Wang F, Loiacono G, Kennedy G. Deuterated L-arginine phosphate: a new efficient nonlinear crystal[J]. IEEE Journal of Quantum Electronics, 1988, 25(2): 179-193.

[59] Yokotani A, Sasaki T, Yoshida K, Nakai S. Extremely high damage threshold of a new nonlinear crystal L - arginine phosphate and its deuterium compound[J]. Applied Physics Letters, 1989, 55(26): 2692-2693.

[60] Eimerl D. Potential for efficient frequency conversion at high average power using solid state non-

linear optical materials[R]. United States, Lawrence Livermore National Lab Report UCID-20565, 1985, 92-95.

[61] Fuchs B A, Syn C K, Velsko S P. Diamond turning of L-arginine phosphate, a new organic nonlinear crystal[J]. Applied Optics, 1989, 28(20): 4465-4472.

[62] Eimerl D, Velsko S, Davis L, Wang F. Progress in nonlinear optical materials for high power lasers[J]. Progress in Crystal Growth & Characterization of Materials, 1990, 20(1-2): 59-113.

[63] Auston D H, Ballman A A, Bhattacharya P, et al. Research on nonlinear optical materials: anassessment[J]. Applied Optics, 1987, 26(2): 211-234.

[64] Monaco S B, Davis L E, Velsko S P, Wang F T, Eimerl D, Zalkin A. Synthesis and characterization of chemical analogs of L-arginine phosphate[J]. Journal of Crystal Growth, 1987, 85(1-2):252-255.

[65] Eimerl D. Deuterated L-arginine phosphate monohydrate: US, US4697100[P]. 1987.

[66] 刁立臣，张克从，常新安. KDP 晶体激光损伤阈值研究的新进展[J]. 人工晶体学报，2002，31(2)：99-103.

[67] 王坤鹏，房昌水，张建秀，等. KDP 晶体激光损伤机理研究[J]. 人工晶体学报，2004，33(1)：48-51.

[68] Davis J E, Hughes R S, Lee H W H. Investigation of optically generated electronic defects and protonic transport in hydrogen-bonded molecular solids: isomorphs of potassium dihydrogen phosphate[C]// The Quantum Electronics & Laser Science Conference. Presented at the Quantum Electronics and Laser Science Conference, Baltimore, MD, 2-7 May 1993, 1993: 540-545.

[69] Bloembergen N. Laser-induced electric breakdown insolids[J]. IEEE Journal of Quantum Electronics, 1974, 10(3): 375-386.

[70] Yoshida H, Nakatsuka M, Fujita H, Sasaki T, Yoshida K. High-energy operation of a stimulated Brillouin scattering mirror in an l-Arginine phosphate monohydrate crystal[J]. Applied Optics, 1997, 36(30): 7783-7877.

[71] Yoshida H, Nakatsuka M, Yoshimura M, Sasaki T, Morie Y. Efficient stimulated Brillouin scattering in the organic crystal deuterated l-arginine phosphate monohydrate[J]. Josa B, 1998, 15(1): 446-450.

[72] Clark T M, Lamb R A. Phase Conjugation by Stimulated Brillouin Scattering in d-LAP[C]// Lasers and Electro-Optics Europe, 1998. 1998 CLEO/Europe. Conference on. IEEE, 1998: 300.

[73] Liu X T, Wang L, Wang L N, Zhang G H, Wang X Q, Xu D. Investigation on Relationship Between Energy Storage and Special Performance of L-arginine Phosphate Monohydrate (LAP) Crystal[J]. International Journal of Material Science, 2014, 4(1): 39-43.

[74] Wang L N, Zhang G H, Wang X Q, Wang L, Liu X T, Jin L T, Xu D. Studies on the conformational transformations of L-arginine molecule in aqueous solution with temperature changing by circular dichroism spectroscopy and optical rotations[J], Journal of Molecular Structure, 2012, 1026(42): 71-77.

第2章　磷酸–胍基间作用研究

1　溶液中分子聚集体

生物环境中，PA分子中磷酸–胍基间作用以及精氨酸部分构象的变化，赋予了其在无脊椎动物体内生物能量存储和传递的功能。为了从溶液角度中探索LAP分子内的磷酸–胍基作用以及其特异性，首先以L–精氨酸和LAP晶体生长溶液结构为研究对象，分析其中共有的L–精氨酸分子的存在形式及性质特征。

本节主要内容包括：采用质子核磁共振技术，通过分析分子上质子化学位移变化与溶质浓度的关系，研究L–精氨酸和LAP晶体生长溶液中的溶质分子的聚集情况；采用溶液稳态荧光光谱，尝试获得溶质分子聚集体的结构和特征荧光发射性质；借助动态光散射及原位液相AFM技术，分析晶体生长溶液中聚集体的粒径。

1.1　溶液结构研究现状

1. 溶液结构与晶体结构的相关性

水溶液中溶质分子的有序堆积，形成晶核，成核是决定晶体结构以及晶体多种特性的关键步骤。而成核前，溶液中分子结构的性质直接影响到成核情况，所以晶体中分子构象及其结构形式，与结晶前溶液中分子的结构具有很大的关联。

在蛋白质大分子结晶研究中，研究人员发现在其过饱和溶液中存在无序的大分子聚集体，并且越来越多的研究表明，蛋白质分子聚集是蛋白质结晶的重要步骤，并且分子聚集体的状态影响其结晶性。由此发展了以聚集体为过渡态的成核理论，其认为：随溶液过饱和度增大，类似于蛋白质大分子，溶质分子首先趋向于形成无序的分子聚集，聚集团簇在一定环境下进行有序化，即成为晶核，因此溶液中的溶质分子聚集体成为联系溶液结构与晶体结构的桥梁。

近些年来，结晶前溶液中溶质分子聚集的现象，越来越多的在无机盐(碳酸盐和磷酸盐等)，有机分子以及氨基酸溶液中被观察到。

2. 氨基酸分子聚集研究进展

对于氨基酸中最简单的甘氨酸，由于其存在多种晶相，对于其在不同实验条件下溶液中分子二聚体结构的存在，已经反复争论了将近一个世纪。Hughes 等采用多种方法获得了甘氨酸结晶过程中的溶液结构，认为甘氨酸分子在溶液中以双氢键连接形成环状的二聚体结构，与晶体中分子结构相对应。而 Huang 等通过核磁共振等技术研究，认为甘氨酸在溶液中不存在二聚体，以单分子形式存在。

近几年来，有科学家采用电喷雾离子化的装置(ESI)和质谱(MS)技术手段，研究发现，单体氨基酸分子间的非共价相互作用会导致其形成超分子组装体。然而，虽然质谱能够提供氨基酸形成分子组装体的事实，但它仍是一个需要将溶质电离的气相技术，因此很难分辨实验结果来自于溶液真实结构还是在电离中形成的。

由于计算模拟技术的发展，分子动力学模拟为氨基酸在水溶液中形成大的自聚体提供了支持，Hamad 等报道了甘氨酸在水溶液中从单体到分子五聚体的分布情况，其认为这些聚集体处于高度动态变化中，随时间不断重组、排列。

最近，Jawor-Baczynska 和 Hagmeyer 等通过光散射和分子追踪技术，发现氨基酸溶液中还存在更大的分子聚集，尺寸在 100~300nm，不论在高度稀释的溶液中，还是在靠近氨基酸晶体的饱和溶液中，均检测到了这种尺度的聚集体，同时在靠近氨基酸晶体的饱和溶液中还发现了并存的尺寸为 1nm 的分子聚集。Hagmeyer 等科学家认为这种意想不到的超大聚集体是由溶液系统的热力学平衡引起的，也有其他学者认为其是由于氨基酸聚集体呈现液体状属性引起的，然而，由于对这一现象的数据有限，仍然难以解释这些大型聚集的形成。

虽然目前对于氨基酸分子在溶液中的粒径分布、形成机制还有待进一步探索，但以上的这些研究结果足以表明，氨基酸分子在水溶液中通常会形成分子聚集，并且其与氨基酸结晶机制有很大关联。

作为本论文研究对象的 L-精氨酸盐中的 L-精氨酸，在 1999 年，Zhang 等采用电喷雾和串联质谱鉴定技术，通过碰撞诱导解离研究了质子化精氨酸分子的聚集现象，其认为四个两性离子的精氨酸分子通过静电引力形成平面结构，并且更大的分子聚集体形成层状结构，具有更高的稳定性。

2006 年，Toyama 等采用液体束技术研究了精氨酸在水溶液中的溶剂化结构，结果显示：在极稀溶液中精氨酸分子更加容易与水分子间产生氢键，形成水合团簇，当溶质浓度较高时，精氨酸分子趋向于以头尾相接，形成聚集团簇，并在外层形成疏水水化结构，以降低其分子偶极性。

2010 年，Hernandez 等采用分子计算模拟结合氨基酸水溶液光谱手段，发现溶液中 L-精氨酸和 L-赖氨酸分子通常与较多的水分子形成水合氢键团簇。

2012 年，Kellermeier 等采用电喷雾电离质谱与超速离心技术对氨基酸结晶溶液中的分子聚集进行了对比研究，结果显示，溶液中 L-精氨酸分子存在游离单体和聚集体两种集群，粒径为 0. 8~2. 1nm，并且在稀溶液中粒径大小随浓度升高而增大直到溶液饱和。

众多研究已经表明，氨基酸以及其中的精氨酸在其结晶溶液中通常存在分子聚集现象。然而，到目前为止，对于氨基酸与其他有机无机分子形成的二元化合物溶液，其结构组成、性质少有研究。

3. 溶液结构研究方法

由于分子的聚集使其在溶液中的物理化学性质发生了改变，进而影响到溶液的宏观性质，如表面张力、扩散系数、介电常数、黏度等。因此早期人们常采用溶液性质的变化反推溶液中聚集体结构，其结果的准确性取决于实验方法和基本假设。

红外光谱是由分子中振动能级或转动能级的跃迁而产生的，其振动基频峰与化学键的强度之间有着密切的关系。拉曼散射光和瑞利散射光的频率之差称为拉曼位移，位移值相对的能量变化对应于分子的振动和转动能级的能量差。红外光谱是分子在振动跃迁过程中有偶极矩的改变，而拉曼光谱是分子在振动跃迁过程中有极化率的改变，因此拉曼光谱与红外光谱是长久以来研究溶液中分子结构的有效方法，虽然不能直接给出分子结构信息，但分子振动光谱对无机盐溶液中的离子对研究非常有效。

对溶液结构的研究，几乎使用了当代最先进的实验手段。近些年来随着技术的进步，有了对溶液结构直接的观测手段，其中包括小角 X 射线散射法(SAXS)、小角中子散射(SANS) 及多种 X 射线吸收、发射谱(EXAFS，ARPEFS，XANES，DAFS)等。这些方法虽然能够对个别溶液结构进行直接观测，但也存在不足：SAXS 和 SANS 对实验仪器要求苛刻，条件复杂，成本昂贵，EXAFS 对探测离子附近局部结构信息比较有效，但被测元素一般限制在元素周期表 21 号元素以后。并且，其中个别方法虽然用于溶液结构直接测量，但相关文献报道很少。

而最近对溶液结构直接观测多采用电离喷雾质谱联用、超速离心等技术，其优点是比较直接且迅速，但其结果分析较为复杂，且对实验条件，测试仪器、技术等要求非常高，相关报道也较少。

由于采用常规方法，对溶液结构的直接观测比较困难，目前的许多研究采用计算模拟技术，如分子动态学(MD)、蒙特卡罗(MC)、分子动力学(MM)等模拟技术及其组合。计算机技术能够对溶液结构进行一些原子级的研究及量化分析，但很难得到实验验证。

分子间氢键、范德华力是溶液中分子发生聚集以及分子间相互作用的主要原因，尽管从力的方面来讲，氢键和范德华力比通常的化学键要弱很多，但其对溶液的熔点、溶解度、表面张力、黏度等物理化学性质有重要影响，在分子化学、物理性质等改变中起着重要的作用。从测定小分子和生物大分子的结构，到溶液中分子间相互作用，溶液 NMR 技术是一个非常强大的研究溶液相的工具。由于氢核的化学位移对其电子环境，溶液中分子间作用是非常敏感的，由此溶质分子周围环境的改变，可以很好地根据溶液^{1}H-NMR 谱检测化学位移值而表征。由于溶液核磁共振技术简单易操作，并能够得到相对有效的实验结果，因此在水溶液结构的研究中，^{1}H-NMR 技术的应用最为广泛。

在溶液结构研究的常见手段中，除了质子核磁共振技术外，由于荧光光谱的高灵敏度和高针对性，以及其可根据激发光谱和发射光谱结合来分析化合物结构，因此被广泛应用于研究分子聚集和分子结构。当物质吸收激发光(一般为紫外区和可见光)后，分子被激发到电子激发态，然后经过一系列的不同途径回到基态，其中从激发态的最低振动能级跃迁回基态各振动能级形成荧光发射。物质的荧光发射取决于分子对光的吸收性质及能量转移、释放过程，强荧光物质一般具有较大的共轭 π 键，刚性的平面结构等。因而，在已知的大量有机和无机物中，仅有小部分会发生强的荧光，它们的激发光谱、发射光谱和荧光强度都与它们的结构有密切的关系。

最近，由于光谱技术及溶液研究的进展，荧光光谱已经被用来研究水溶液中小分子聚集结构。在水溶液中，本不具有荧光特征结构的单体小分子，与水分子或自身产生分子间作用，形成分子团簇结构，原本较小的共轭结构通过氢键得到拓展，吸收性质发生改变，可能会产生具有荧光发射的特征结构。氨基酸是生物大分子——蛋白质的重要组成，仅有三种芳香族氨基酸分子具有特征荧光发射而被报道，其他氨基酸分子不具有大的共轭 π 键，一般不认为其具有荧光发射性质，目前，也没有关于其荧光发射的相关报道。目前，大量的溶液结构研究已经表明，氨基酸分子在溶液中通常以聚集形式存在，因此不含芳香环的 L-精氨酸和 L-赖氨酸，在水溶液中可能形成具有特征荧光性质的分子聚集。

在溶液荧光分析中，溶液极性、pH 值、温度、压强等是影响分子荧光发射的最普遍因素。而由溶质分子碰撞或分子间相互作用导致的分子结构、性质变化，因为在生命化学、医药研究中的重要意义，受到越来越多的关注。目前，溶液结构荧光分析的研究对象，较常见的是具有特征荧光的生物蛋白质大分子。通过对大分子特征荧光发射波长、荧光强度等变化过程进行分析，研究药物分子与蛋白质大分子作用机制。因此，荧光光谱不仅能够对分子聚集结构进行分析，而且是研究分子间作用的强有力工具。

由于质子核磁共振技术比较简单、常见且易操作，文献报道较多；荧光光谱是目前研究小分子聚集及分子间作用的主要工具，因而对 L-精氨酸及其盐溶液结构及分子间作用主要采用质子核磁共振技术和荧光光谱手段，同时也采用了光散射技术和原子力显微镜对聚集体粒径进行了探讨。

1.2 质子核磁共振谱

L-精氨酸分子具有较长的链状结构，其分子两端含有易质子化的 α-氨基和胍基以及易去质子化的羧基，使其不仅能够在分子内形成氢键，并且容易与其他离子形成分子间氢键。在形成氢键的过程中，由于分子两端受到不同的相互作用，从而导致其构象多变。根据已报道的 L-精氨酸水溶液结构，结合 L-精氨酸系列晶体结构，可以看出 L-精氨酸分子在水溶液中以两性离子形式存在，与水分子或自身以氢键作用，形成分子聚集体或者水合团簇。分子间氢键对原子的化学环境会产生影响，其中最为敏感的是氢原子的化学环境，采用质子核磁共振技术获得的质子化学位移即是对其所处化学环境的反映。

所有溶液^{1}H-NMR 数据通过 Bruker advance 300 M 波谱仪，在室温下，采用标准脉冲序列和参数收集。重水代替水被用作溶剂以削弱水的质子信号，一定浓度的样品置于 5 mm 的 NMR 管中。图 2-1 给出了 L-精氨酸重水溶液的^{1}H-NMR 谱及质子化学位移与氢原子的对应归属。由于 L-精氨酸分子的两性解离，羧基、胍基以及 α-氨基上容易带电荷，基团上氢原子较活泼，容易被置换，因而不能检测到其化学位移。重水中水分子产生的化学位移位于 4. 7ppm 左右。

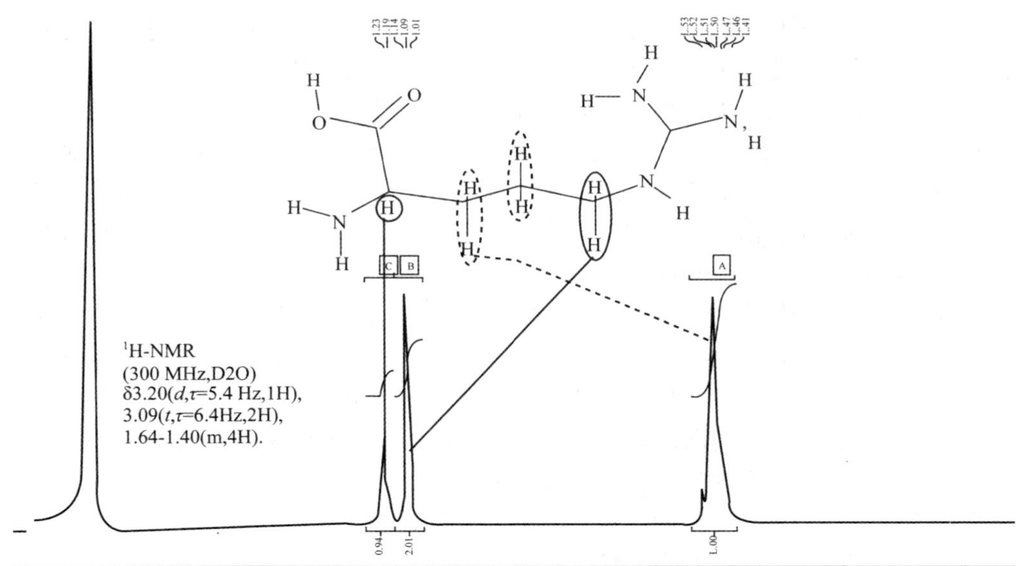

图 2-1　L-精氨酸的^{1}H-NMR 谱及质子化学位移的归属

溶液中溶质分子的浓度及分布是分子间作用和聚集形成的关键，因此以溶质浓度作为变量，通过L-精氨酸分子^{1}H-NMR谱分析分子间氢键及聚集。溶质浓度变化实验中，L-精氨酸溶液样品的浓度范围为3×10^{-4}～0.6mol·L^{-1}，LAP溶液样品的浓度范围为5×10^{-4}～0.5mol·L^{-1}。

1. 不同浓度1H-NMR谱

图2-2给出了不同浓度下L-精氨酸溶液的^{1}H-NMR谱图。可以看出，低浓度时，化学位移峰具有较明显的耦合裂分，随浓度升高耦合裂分减弱，且所有化学位移峰逐渐向高场偏移。在溶质浓度较低的水溶液中，两性解离的L-精氨酸分子更加容易与周围水分子氢键作用，形成水合团簇。氢原子化学环境仅受到较弱的水合氢键影响，核磁共振峰的耦合裂分比较明显。随溶质浓度升高，具有较大偶极矩的L-精氨酸分子，趋向分子间自聚以降低其极性。聚集使分子上电子云密度增大，氢原子核屏蔽增强，所有的质子化学位移不同程度的向高场偏移。

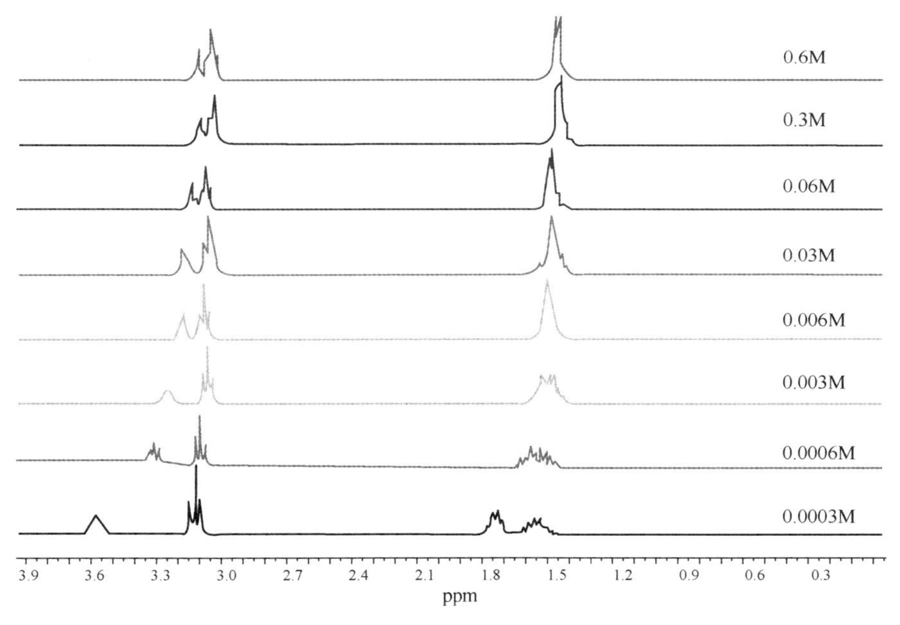

图2-2 不同浓度L-精氨酸在重水中的^{1}H-NMR谱

不同浓度LAP溶液的^{1}H-NMR谱如图2-3所示。磷酸在水溶液中解离后，氢原子同样比较活泼，易被置换，不能检测到其核磁共振。由图2-3可见，相对于L-精氨酸溶液，LAP溶液中的L-精氨酸分子质子化学位移变化幅度较小，特别是在低浓度时，水分子对L-精氨酸分子影响不大，表明磷酸根阴离子的存在，在一定程度上限制了L-精氨酸分子的自由变化。由于LAP溶液中L-精氨酸是带正电荷的两性离子，与磷酸根之间的静电相互作用可能是其性质变化的原因。L-精氨酸质子核磁共振峰在LAP溶液中表现出较明显的耦合裂分，与其他L-精氨酸盐比较可知，是受其质子化程度影响。

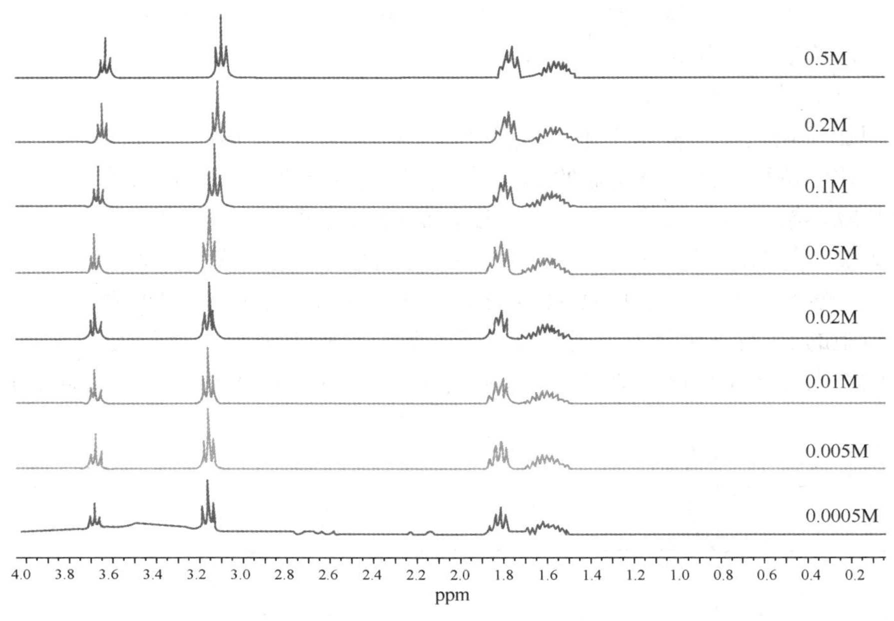

图 2-3　不同浓度 LAP 在重水中的[1]H-NMR 谱

2. L-精氨酸分子聚集

在浓度变化时，分子各个位置上氢原子的化学位移变化程度不一，其中酸性越强的氢原子，其化学位移对溶质浓度变化越敏感。在 L-精氨酸分子中，接近去质子化羧基的 α-H 酸性最强，因此采用 α-H 的化学位移变化来分析 L-精氨酸分子的聚集。分子上质子化学位移的大小和性质，不仅反映质子环境的变化，也能够表明分子参与聚集程度的变化。根据研究大分子聚集胶束的 Pseudo-Phase 模型，游离单体与分子聚集之间存在一个转变浓度，为临界聚集浓度(CAC)。

假设水溶液中分子在聚集态与游离态转变的速率，与 NMR 时间尺度相比是足够快的，测得的化学位移就是单体分子与聚集体贡献的加权平均值。因此，溶液可测的化学位移(δ_{obsd})与溶质浓度(C_t)的关系式可以表示为：

$$\delta_{obsd} = \delta_{mon}\frac{C_{mon}}{C_t} + \delta_{mic}\frac{C_{mic}}{C_t} \tag{2-1}$$

式中，C_{mon}，C_{mic}和 C_t分别表示分子游离单体形式的浓度，分子聚集体的浓度和溶质分子总浓度。δ_{mon}和 δ_{mic}分别表示分子游离和聚集状态的质子化学位移，可以通过外推 δ_{obsd}与 C_t和 $1/C_t$的关系曲线分别得到。假设：低于临界聚集浓度的溶液中不存在聚集体，而高于临界聚集浓度的溶液中的单体浓度为常数，则可以得到：

$$C_{\text{mic}} = C_{\text{t}} - CAC \tag{2-2}$$

将式(2–2)代入式(2–1)可得：

$$\delta_{\text{obsd}} = \delta_{\text{mic}} - CAC\frac{\delta_{\text{mic}} - \delta_{\text{mon}}}{C_{\text{t}}} \tag{2-3}$$

根据等式(2–3)，可以得到化学位移与溶质浓度倒数形成两条相交的直线，交点的浓度对应于临界聚集浓度。在L–精氨酸和LAP溶液核磁共振实验中，每个质子只获得了单一的核磁共振化学位移信号，表明单体分子与聚合态之间的转换速率足够快，因此等式(2–3)可以用于分析该实验结果。

图2–4给出了L–精氨酸和LAP溶液中，α–H质子化学位移与浓度倒数的关系曲线。连接数据点取直线，可以得到两条直线相交，交点的浓度代表溶液中分子聚集的CAC。由图中数据点可以得到，L–精氨酸分子在L–精氨酸与LAP溶液中的CAC分别为0.046mol·L^{-1}和0.052mol·L^{-1}。L–精氨酸质子化的差异以及数据处理的误差是曲线线型差别的原因。

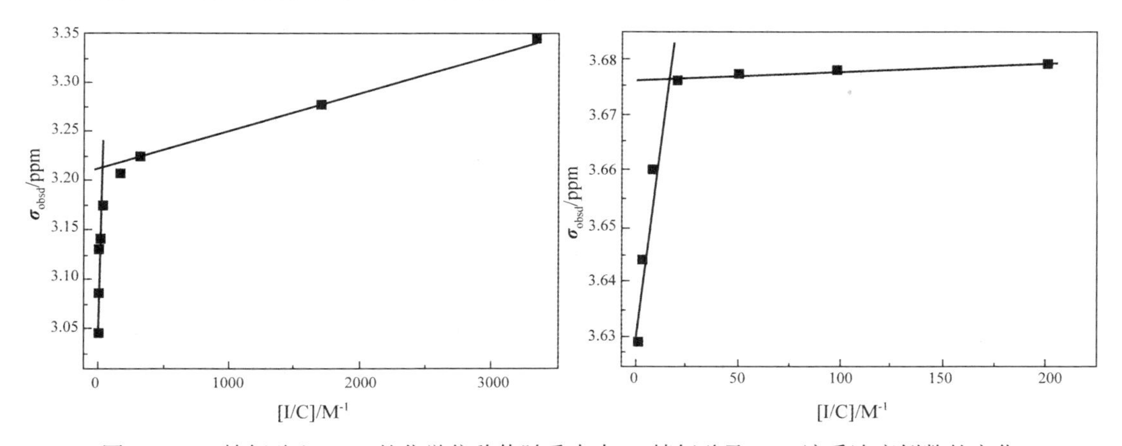

图2–4 L–精氨酸上α–H的化学位移值随重水中L–精氨酸及LAP溶质浓度倒数的变化

以上结果可以表明，L–精氨酸分子在L–精氨酸和LAP晶体生长溶液中均会发生聚集，临界聚集浓度基本一致(0.05mol·L^{-1}左右)。由于我们检测的是分子饱和键上氢原子的化学位移变化，由此判断分子聚集形成或分子构象的变化，该聚集的形成不受溶液酸碱性影响。因此，在L–精氨酸和LAP水溶液中，L–精氨酸分子形成了类似的分子聚集体。

1.3 溶液荧光光谱

L–精氨酸分子两端具有羧基及胍基p–π共轭平面，但共轭体系较小，羧基基团吸收位于较低波段，胍基基团在近紫外区吸收较弱，因而通常认为L–精氨酸分子不具有荧光发射性质。由于当L-精氨酸分子在溶液中通过氢键聚集时，所形成的团簇结构可能对其共轭体系进行了拓展，并且具有一定的刚性，因此减少了分子的振动，降低了分子的自由变化程度，不仅使分子吸收性质发生改变，而且其吸收的能量也会比较少地通过外部转移释放，使分子具有了发射荧光的可能。据此，我们对L-精氨酸溶液进行了荧光测试，实验中我们发现了L-精氨酸及其盐溶液特征的荧光发射性质。由于荧光激发和发射波长的不同来自于产生荧光的分子结构不同，结合荧光物质的分子结构特征，可对分子的构象以及微观结构进行推测。因此，利用L-精氨酸溶液的特征荧光光谱，结合其激发光谱性质，能够对产生荧光的聚集体结构进行分析探讨。

所有光谱采用Hitachi F-4500荧光光谱仪，1cm四通石英比色池，在室温下，记录了不同激发波长下300~600nm波段的荧光发射光谱，固定发射波长下200~400nm的激发光谱，室温下饱和L-精氨酸溶液浓度近似为0.6mol·L^{-1}，LAP溶液浓度为0.5mol·L^{-1}。固定330nm激发，不同浓度溶液的荧光发射光谱实验中，L-精氨酸和LAP溶液的浓度范围均为5×10^{-4}~0.5mol·L^{-1}。在溶液荧光光谱中会出现由溶剂产生的拉曼散射峰，随激发光波长的增大，散射峰位置不断向长波方向移动是区分其与特征荧光发射的主要依据。我们已经通过实验确定了不同激发波长下水溶液产生拉曼峰的位置，与已报道数据一致，故在以下的实验结果及讨论中已将水的拉曼散射峰排除。

1. 特征荧光发射光谱

L-精氨酸饱和溶液(0.6mol·L^{-1})在280~350nm波段激发光下的荧光光谱如图2-5所示。280nm波长激发时，溶液开始出现较宽的荧光发射，随激发波长增大，其发射强度增加，并在300nm激发时，390nm左右出现较为明显的荧光发射峰。当激发光波长到310nm时，荧光发射峰发生了向高波数的偏移。从310~350nm波长激发的荧光光谱可以看出，在320nm以后，320~350nm激发光波段，主要的荧光发射峰稳定在415nm左右，其中340nm激发时发射强度最大，350nm激发时发射强度开始降低，因此415nm发射波长为L-精氨酸溶液的一个特征荧光峰。在280nm激发产生的宽峰，并随发射波长增大产生了位于390nm的发射峰，随后415nm发射增强，我们认为280nm激发产生的宽峰是由较弱的390nm和415nm发射谱带叠加产生的，所以390nm也可能是L-精氨酸饱和溶液的一个特征荧光发射。

LAP饱和溶液(0.5mol·L^{-1})在270~340nm激发波长下的荧光光谱如图2-6所示。相对于L-精氨酸溶液的荧光光谱，浓度相差不大的LAP溶液荧光发射强度较小。270~280nm波长激发时，340nm出现较明显的荧光发射峰，其与420nm左右荧光发射形成了综合的宽峰，随激发波长增大，340nm发射强度逐渐减小。

300nm 激发时，380nm 发射峰开始表现突出。在 300~330nm 激发光波段，荧光发射峰稳定在 380nm 左右，其中 320nm 激发时发射强度最大，330nm 时发射峰强度开始降低。在 270~340nm 的整个激发波段，LAP 溶液荧光光谱始终是含有高波段发射(400~480nm)的综合峰。

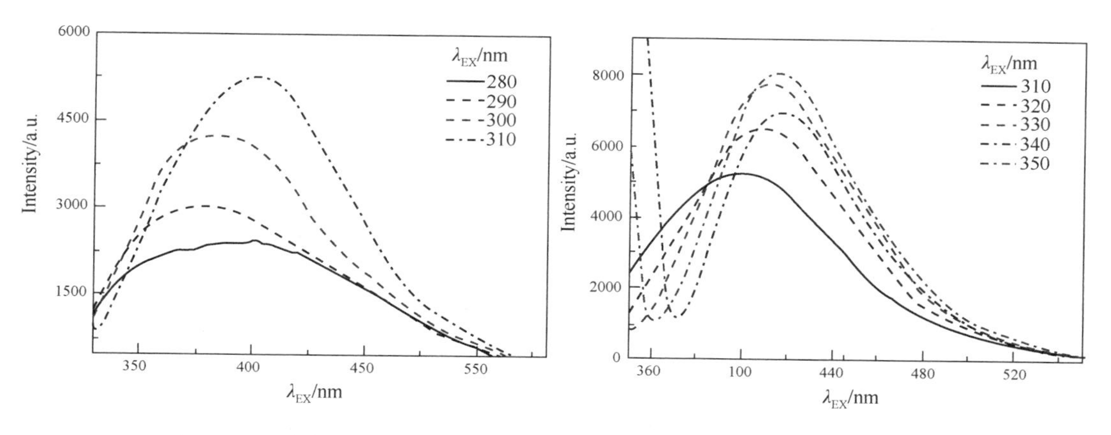

图 2-5　L-精氨酸饱和溶液在不同波段激发光下的荧光光谱（280~350nm）

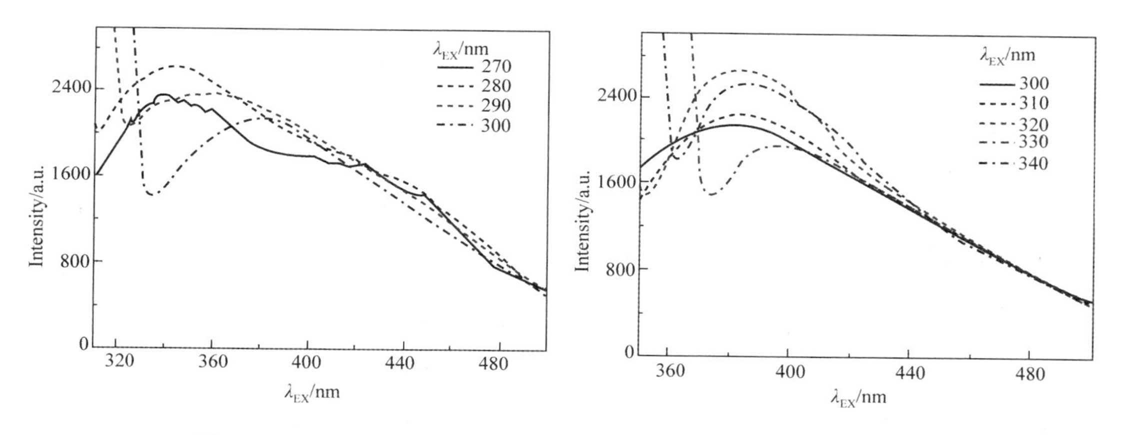

图 2-6　LAP 饱和溶液在不同波段激发光下的荧光光谱（270~340nm）

综上，我们认为，LAP 饱和溶液中具有三个特征荧光峰：270~280nm 激发的 340nm 荧光峰，300~330nm 激发的 380nm 荧光峰以及与之形成综合峰的 420nm 发射峰。

2. *溶液激发光谱*

图 2-7 给出了 L-精氨酸与 LAP 饱和溶液特征荧光发射波长下的激发光谱。可以看出，L-精氨酸溶液中，激发 390nm 特征荧光发射的最佳波长位于 310nm，对应于 L-精氨酸荧光发射光谱中 310nm 激发时 390nm 发射达到最强，虽然其发

射峰有所红移。415nm 特征荧光具有 260nm 和 340nm 两个激发峰，而 340nm 谱峰明显且强度高，为 415nm 特征荧光发射的最佳激发波长。荧光发射光谱中，L-精氨酸溶液也在 340nm 激发下得到了 415nm 的最大荧光强度。对照荧光发射光谱，LAP 溶液中三个特征荧光发射的最佳激发波长分别为 285nm、325nm 和 330nm 左右，其中 420nm 荧光发射的激发光谱线较宽且峰形不明显，与荧光发射光谱中，较长波段下 400nm 处形成的综合宽峰相对应。

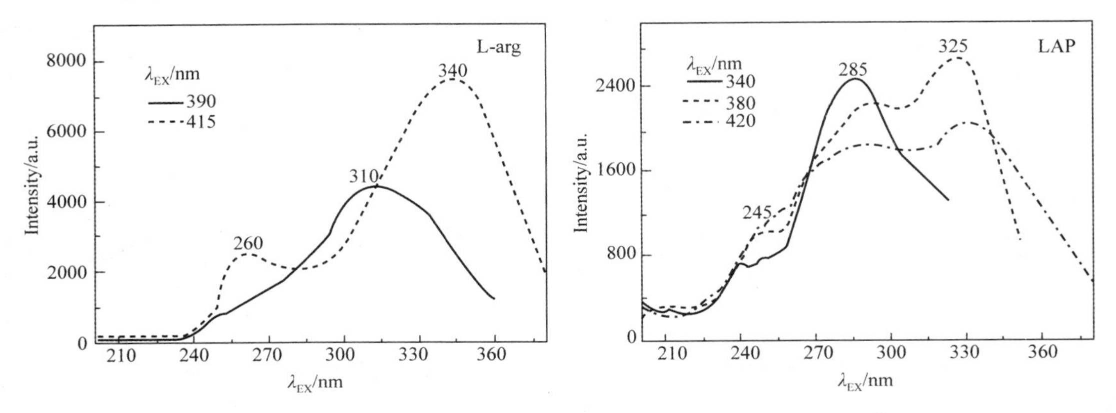

图 2-7　L-精氨酸与 LAP 溶液不同发射波长下的荧光激发光谱

由于 LAP 溶液中磷酸基团的吸收在深紫外区，其不具有紫外吸收及荧光发射的可能，因此溶液的荧光性质来自于 L-精氨酸分子聚集结构。由 ^{1}H-NMR 实验已知，L-精氨酸分子羧基端对其在溶液中聚集最具敏感性，并且分子上只有胍基和羧基含有共轭结构，具有产生荧光发射的可能。胍基具有比羧基大的共轭平面，且其所带正电荷不在平面上，容易产生离域电子。当胍基与羧基以氢键链接形成更大的共轭结构时，可能对较高波段光产生吸收并发射荧光。L-精氨酸和 LAP 溶液中相对高的波段（330nm 左右）激发时，产生的荧光发射极有可能来自于类似的氢键共轭团簇；而出现在较低波段的光谱或许来自于羧基氢键自聚形成的共轭结构；胍基与羧基的水合氢键结构刚性较低，光谱应该位于更低的波段且产生荧光概率较低。目前，仅能根据特征荧光发射对可能的团簇结构推测，还无法从实验上直接给出分子聚集团簇结构与光谱的具体对应关系，聚集体的具体结构形式需要结合其他实验及计算机模拟技术进一步研究。

3. 不同浓度溶液荧光发射

由于 L-精氨酸和 LAP 溶液特征荧光发射的最佳激发波长都在 330nm 左右，因此采用 330nm 固定激发光，获得了不同浓度下 L-精氨酸和 LAP 溶液的荧光发射光谱。

330nm 激发光下，不同浓度 L–精氨酸溶液的荧光发射光谱如图 2–8 所示。可以看出，随溶质浓度变化，L–精氨酸溶液出现了两个不同的荧光发射带。低浓度时，L–精氨酸溶液在 430nm 左右具有较宽的荧光发射谱线，如此宽的发射谱线可能是由多种发射带叠加而成。随浓度上升至 0.05mol · L^{-1}时，415nm 发射峰开始突出，并且其强度随浓度升高而增大。在极稀的溶液中，L–精氨酸分子容易与水分子氢键作用，形成水合团簇，而高溶质浓度下 L–精氨酸分子更趋向形成分子自聚。因此，430nm 的荧光发射可能来自低浓度溶液中 L–精氨酸的水合团簇结构，415nm 的发射谱带对应于 L–精氨酸分子自聚结构。同时可以看出，荧光发射峰的转变浓度，对应于^{1}H–NMR 实验所得的 L–精氨酸分子临界聚集浓度（0.05mol · L^{-1}）。

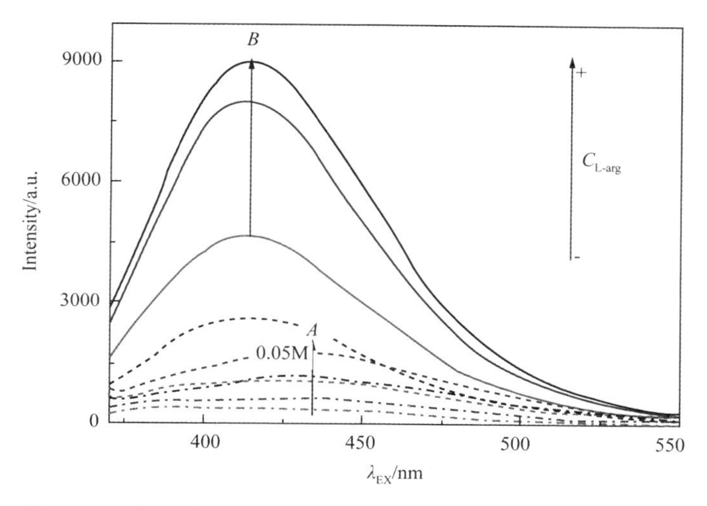

图 2–8　不同浓度 L–精氨酸溶液在 330nm 激发光下的荧光光谱

图 2–9 给出了 330nm 激发光下，不同浓度 LAP 溶液的荧光发射光谱。图 2–6 中，300~330nm 激发时，LAP 饱和溶液稳定的 380nm 发射已经表明，380nm 为 LAP 饱和溶液的特征荧光发射。由于水溶液在 330nm 激发时，也会在 380nm 左右产生其拉曼散射峰，且在溶质浓度较低，其荧光发射强度低时更为明显。LAP 饱和溶液特征荧光发射结果表明，其 380nm 的特征荧光发射，通常与 420nm 左右发射带叠加以形成宽峰出现。由图 2–9 可以看出，溶质浓度低于 0.05mol · L^{-1}时，出现在 380nm 处的单独谱峰为水溶液拉曼散射峰，溶质浓度在 0.05mol · L^{-1}时，宽峰的出现表示着荧光发射的产生。LAP 溶液出现荧光发射的浓度与其^{1}H–NMR 所得临界聚集浓度类似，所以可以得知，其溶液 380nm 特征荧光发射来自 L–精氨酸分子聚集体。

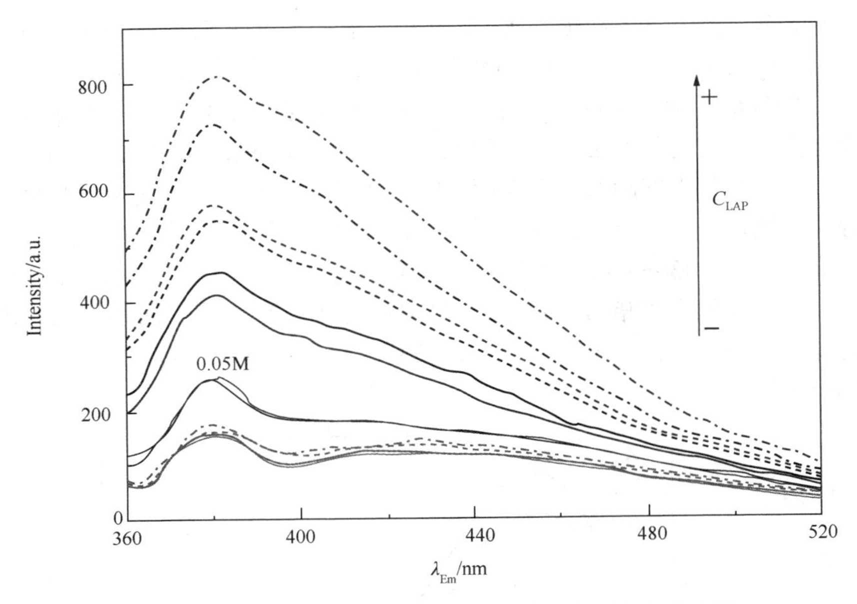

图 2-9　不同浓度 LAP 溶液在 330nm 激发光下的荧光光谱

1.4　分子聚集体粒径

1. 动态光散射粒度测试

动态光散射技术通过测量溶液中聚集体的自相关函数，获得聚集体在溶液中的分布情况，同时得到聚集体的流体力学粒径及其分布。目前，已有相当多的研究工作采用动态光散射技术研究有机分子结晶溶液中的分子聚集情况。

我们采用动态光散射技术对 L-精氨酸和 LAP 晶体生长溶液中聚集体的粒径分布进行了初步研究。根据 L-精氨酸和 LAP 的溶解度，使用超纯水配置室温下的近饱和溶液（0.5mol · L^{-1}左右）。将溶液通过 0.22μm 注射滤膜过滤，采用仪器所配用水溶液粒径测试四通液池，注入适量溶液，采用常规水溶液模式测试粒径。所测的 L-精氨酸与 LAP 饱和溶液中聚集体粒径分布如图 2-10 所示，两种溶液中聚集体粒径具有相同分布，聚集体流体力学粒径在 0.8～1.5nm 范围，表明 L-精氨酸与 LAP 溶液中存在类似的 L-精氨酸分子聚集，据 L-精氨酸单分子尺寸参数，其可能是分子二聚体。

2. 原位液相原子力显微镜

随着微观测试手段的进步，有关晶体生长的溶液结构、分子聚集成核以及生长界面微观形貌，能够更多地被直接观测到，结合计算机模拟技术的发展，推动了新的晶体生长机理进展。在一定浓度的晶体生长溶液中，溶质分子形成聚集体，通过扩散作用吸附到晶体生长界面上，在界面上不断吸附与脱附，无序的分

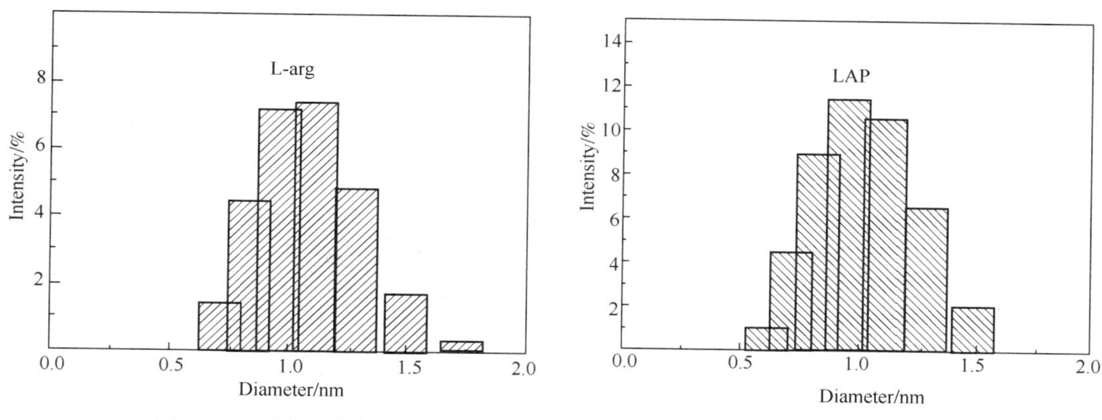

图 2-10 动态光散射测量的 L-精氨酸和 LAP 饱和溶液中的聚集体粒径分布

子聚集体氢键断裂又重组，选择取向，最终附着于稳定的结合点，形成有序的堆积，完成晶体生长。

原子力显微镜(AFM)是研究物质表面形貌的强有力工具，自 1986 年 AFM 在液相环境下得到固体表面图像后，液相 AFM 技术在对晶体表面台阶生长研究方面得到了广泛应用，使得液相 AFM 成为研究晶体生长微观过程的重要工具。晶体生长固液界面处的实时 AFM，可以获得晶体界面生长时的台阶高度，台阶的推进或消退来自于溶液中有序化后聚集体的附着或脱附，因此台阶高度能够直接反映出界面层溶液中聚集体的大小。

3. 实时形貌观测

采用了 Φ =6cm 培养皿作为液相 AFM 实验液池，选取加工以{101}面为生长面的测试样品，厚度约 2mm，反面固定于培养皿底。根据室温和 LAP 晶体溶解度，配制饱和溶液，注入液池，使液面高于晶面 1 mm 左右。液相 AFM 下针较为困难，经多次尝试，最终采用 Contact 模式，成功扫描到晶体界面形貌。固定扫描范围为 5 μm× 5μm，在时间分辨下，获得了晶体生长界面随时间变化的实时形貌。

如图 2-11 所示，每张图扫描时间约为 2min，连续扫描同一区域，连续两张图的探针扫描方向相反，依然可以看出表面形貌随时间变化具有连续性。图 2-11(a)中可以看到生长界面上各种台阶的分布，且有一部分平整面；图 2-11(b)可以看到类似图 2-11(a)大概界面形貌，可能由于与图 2-11(a)探针扫描方向相反，因此其连续性一般；图 2-11(c)与图 2-11(a)探针扫描方向一致，可以看出其界面形貌与图 2-11(a)相似程度较高，连续性强。与图 2-11(a)中形貌对比，可以看出，原本较高的台阶更加完整，而部分较低的台阶已经消失，该现象表明台阶的生长与消退同时存在，生长基元在界面上的吸附和脱附同时发生，因此该台阶高度与溶液中聚集体基元的大小密切相关；图 2-11(d)与图 2-11(b)探针扫描方向相同，因此其形貌图也具有较好的连续性，可以看出高台阶部分扩大，台阶向平整面方向的推进，表明晶体在生长。

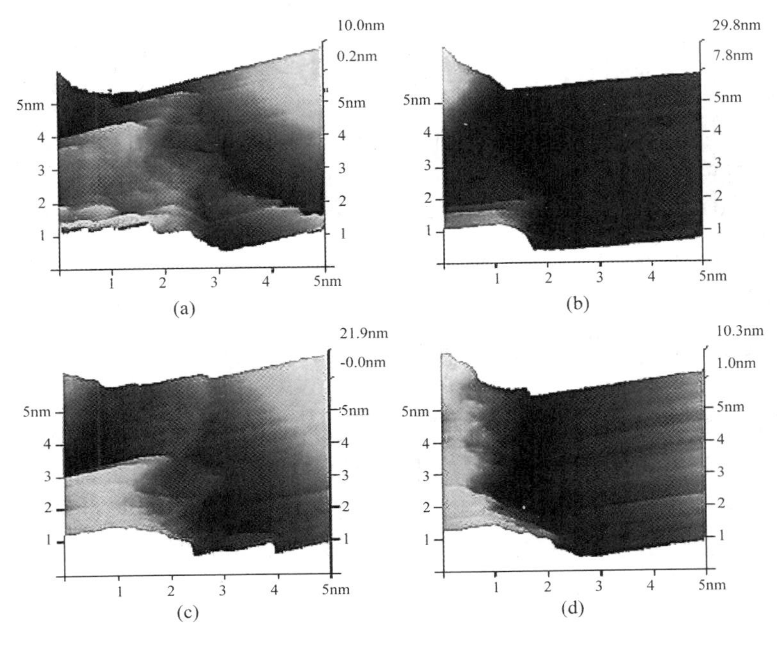

图 2-11　LAP 晶体{101}面上生长的连续图，每幅图像间隔 2min

通过形貌分析，表明晶体界面处于整体生长，部分台阶消退的状态。因此，生长台阶高度可以反映出溶液界面层中的聚集体大小。实验所得形貌图的连续性规律，也反映出探针扫描方向对形貌观测具有一定影响。

4. 生长台阶高度

不同生长时期界面形貌台阶高度的切面分析如图 2-12 所示，可以看出，生长界面上台阶存在两种高度：1.5nm 和 3.0nm 左右，其中 1.3~1.6nm 高度占大多数，多个表面台阶分析中均得到相同结果。1.5nm 左右约为含有两个 LAP 分子的单胞尺寸，表明在晶体生长表面上，界面层中吸附、脱附的基元是有单晶胞和双晶胞大小，含有 2~4 个分子的聚集体。因为生长界面层中溶液具有更高的过饱和度，分子聚集程度更高，结合动态光散射粒度测试所得聚集体流体力学粒径，我们认为，饱和溶液中 L-精氨酸分子聚集体大小为 1.5nm 左右，分子应该通常以二聚体形式存在。

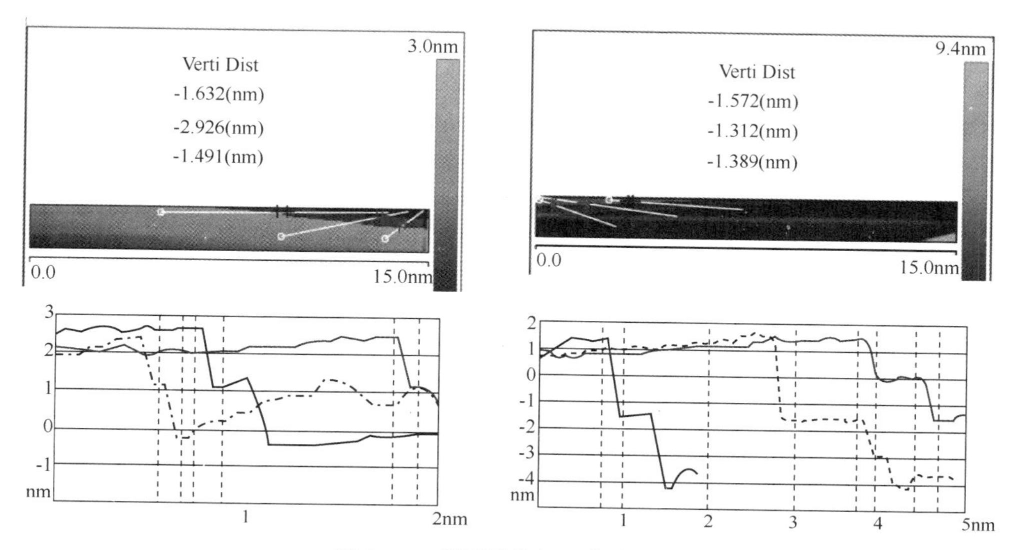

图 2-12　界面形貌切面台阶分析

2　LAP 溶液中的特殊分子间作用

通过 L-精氨酸及其盐溶液结构研究，发现了 L-精氨酸和 LAP 饱和水溶液中存在类似的 L-精氨酸分子二聚集，并具有特征的荧光发射。同时，我们发现，两种溶液中聚集体的特征荧光发射有所不同。

如图 2-13 所示：330nm 激发光下，L-精氨酸(LA)溶液中分子聚集体的特征荧光发射在 415nm 最强，而等浓度 LAP 溶液中类似聚集体在 380nm 的特征荧光

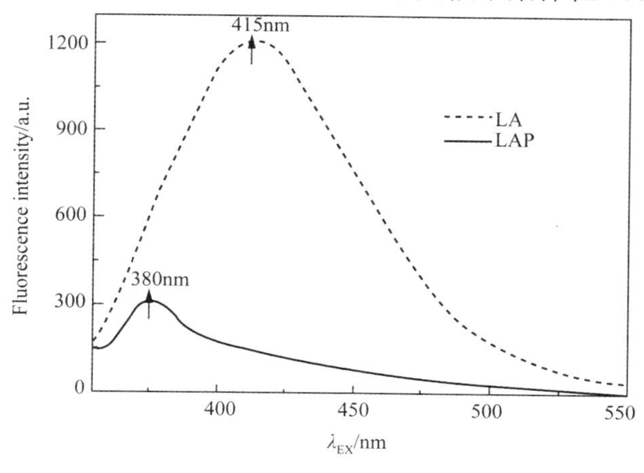

图 2-13　L-精氨酸和 LAP 水溶液的荧光发射光谱（330nm 波长激发）

发射比较突出，且强度相对较弱。两种溶液中的荧光发色结构都是L-精氨酸分子聚集体，影响其特征荧光发射性质的因素有：①L-精氨酸分子的离子态；②L-精氨酸盐溶液中分子间作用。

荧光光谱是研究分子间非共价相互作用的重要手段，通过研究荧光特征发射在不同条件下的位移情况、荧光寿命、荧光猝灭以及荧光增强等变化，可以获得溶液中荧光生色基团的种类、结构和所处环境等变化信息，从而对分子间作用进行分析。

本节通过对一系列氨基酸及其盐溶液的光谱研究，发现存在于LAP分子内的磷酸-胍基作用是导致L-精氨酸聚集体特征荧光发射变化的原因。并在变温条件下，对LAP溶液中分子内基团间作用与分子构象、基团性质关系进行了初步探讨。

2.1 L-精氨酸的离子态与荧光发射关系

L-精氨酸水溶液呈碱性，而LAP晶体生长溶液呈酸性，两种溶液中的L-精氨酸分子解离形式有所不同，可能是影响溶液特征荧光发射的原因之一。

1. L-精氨酸解离形式及分布

由于L-精氨酸含有易质子化的α-氨基和胍基，易去质子的羧基，分子的质子化程度随溶液酸碱度变化。

如图2-14所示，L-精氨酸在水溶液中存在四种离子态。根据L-精氨酸分子各基团不同的解离常数：pK_{a1}(—COOH) = 2.17；pK_{a2}(—NH_3) = 9.04；pK_{a3}(Guanidine Group) = 12.48，以及其不同解离形式分布系数与溶液pH值关系公式，例如I型离子形式的分布系数(δ_I)：

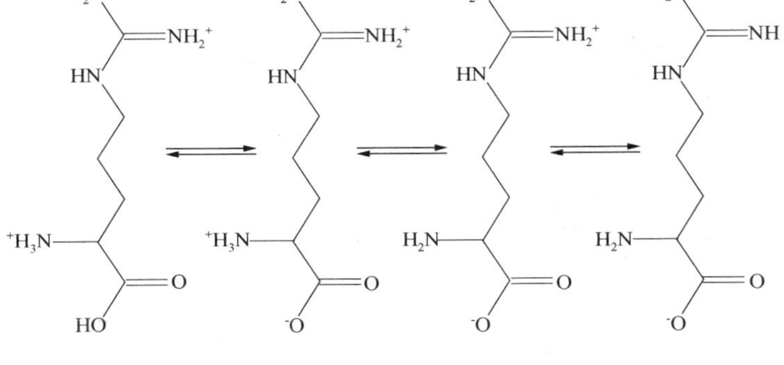

Ⅰ　Ⅱ　Ⅲ　Ⅳ

图2-14　L-精氨酸的不同解离形式

$$\delta_{\mathrm{I}} = \frac{[LA^{2+}]}{[LA^{2+}] + [LA^{+}] + [LA] + [LA^{-}]}$$

采用 Matlab 软件绘制 L-精氨酸离子态分布曲线如图 2-15 所示。

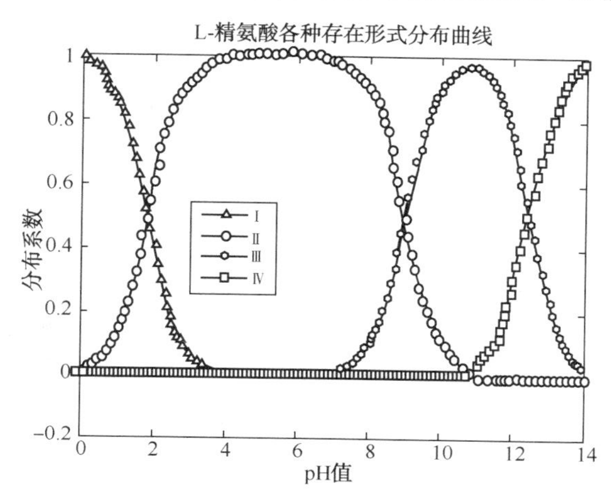

图 2-15 L-精氨酸离子态的分布曲线

可以看出在不同 pH 下主要的 L-精氨酸离子形式分布：pH 值低于 2 时，溶液中的 L-精氨酸分子主要是Ⅰ型；溶液 pH 值在 3~8 时，L-精氨酸分子主要以Ⅱ型存在；10~12 的 pH 值表示溶液中 L-精氨酸主要是不带电荷的Ⅲ型离子形式；更大 pH 值的溶液中主要是Ⅳ型 L-精氨酸离子形式。

2. L-精氨酸盐溶液荧光发射光谱

采用 pH 计测得 0.5mol · L^{-1}的 L-精氨酸水溶液 pH 值为 12.2，而 LAP 饱和溶液 pH 值为 4.5 左右。由离子态分布曲线可以看出，两种溶液中存在的主要 L-精氨酸分子解离形式不同。

我们采用不同的酸根离子与 L-精氨酸结合，合成了 L-精氨酸乙酸盐(LAA)、L-精氨酸硝酸盐(LANA)、L-精氨酸酒石酸盐(LATA)和 L-精氨酸三氟乙酸盐(LATF)，配制它们的饱和溶液，测得的溶液 pH 值列于表 2-1 中。

表 2-1 L-精氨酸及其盐溶液的激发和发射波长、溶液 pH 值

Amino salts	λ_{Ex}/nm	λ_{Em}/nm	pH 值
L-arginine	340	415	10.6
LAP	330	380	4.5
LATF	292	418	3.8
LAA	350	416	6.4
LANA	350	417	6.1
LATA	350	415	6.0

由图 2-15 可以看出，几种 L-精氨酸盐以及 LAP 溶液中的 L-精氨酸离子形式均为 II 型，相同性可达 98 %以上。因此，在该实验条件下，可以认为包括 LAP 在内几种 L-精氨酸盐溶液中的 L-精氨酸离子形式一致。溶液中的分子聚集与其离子形式关系不大，又因所有溶液中 L-精氨酸解离形式基本一致，因此，不同 L-精氨酸盐溶液中会形成基本无差别的L-精氨酸分子聚集体。

几种 L-精氨酸盐溶液在 330nm 激发光下的荧光发射光谱如图 2-16 所示，其在 415nm 表现出了明显的特征荧光发射，与 L-精氨酸溶液表现出的特征荧光发射波长相同。从图可以看出，几种 L-精氨酸盐溶液的荧光发射强度的不同，该现象主要是由其溶质浓度及紫外吸收引起。为了得到较强的荧光光谱，我们采用了 L-精氨酸盐室温下的饱和溶液，由于其溶解度的差别，因而溶质浓度有所不同。比如 LATF 溶液，室温下溶解度达到 1.2mol · L^{-1}以上，较多的溶质分子会产生更多的光量子数，导致荧光发射强度增大。而由于羧酸根的加入，溶液紫外吸收增强，在低波段高的吸收是导致 LATF 溶液最佳激发波长蓝移和荧光发射强度增大的另一原因。

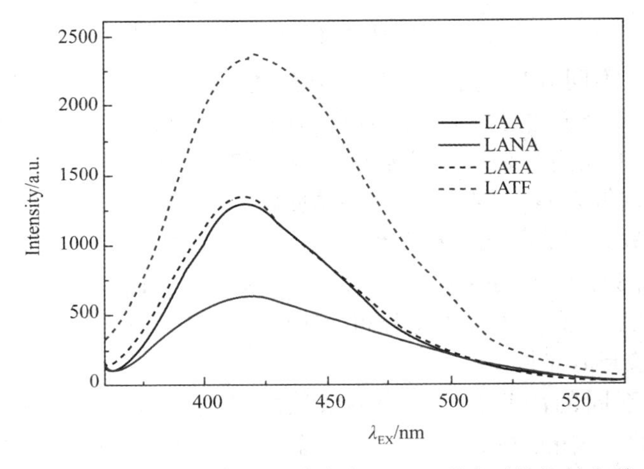

图 2-16　L-精氨酸盐饱和溶液在 330nm 激发下的发射光谱

溶液结构的研究已经表明，在 L-精氨酸溶液中，415nm 是 L-精氨酸分子聚集体的一种特征荧光发射。因此，几种 L-精氨酸盐溶液与 L-精氨酸溶液一致的 415nm 的荧光发射表明，L-精氨酸离子态没有影响其聚集体特征荧光发射性质。因此，L-精氨酸分子聚集体在 LAP 溶液中特征荧光发射的变化(图 2-13)，只能归功于溶液中磷酸与 L-精氨酸的分子间作用。

2.2　L-赖氨酸及其盐溶液荧光发射光谱

L-赖氨酸与 L-精氨酸都是含有双氨基一羧基的碱性氨基酸，并且在水溶液中以双性离子形式存在。如图 2–17 所示，L–赖氨酸分子具有与 L–精氨酸类似的羧基、α–氨基以及碳链结构。两者唯一的区别在于 L–赖氨酸分子端是氨基，而 L–精氨酸分子端是胍基。

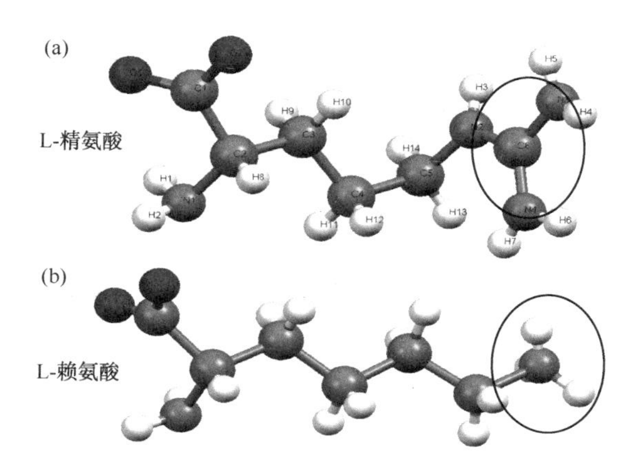

图 2–17　水溶液中 L–精氨酸(a)和 L–赖氨酸(b)的分子构型

实验采用与 L–精氨酸盐合成中同样的酸制备了几种 L–赖氨酸盐溶液，包括 L–赖氨酸乙酸(LLA)、L–赖氨酸磷酸(LLP)、L–赖氨酸酒石酸(LLTA)和 L–赖氨酸三氟乙酸(LLTF)，荧光测试条件与 L–精氨酸溶液一致。与 L–精氨酸溶液特征荧光光谱实验过程一样，经过多波长激发下发射光谱变化以及固定发射波长下的激发光谱实验，我们得到了 L–赖氨酸(Lly)及其盐溶液在固定最佳激发波长下(400nm)的荧光发射光谱，如图 2–18 所示。

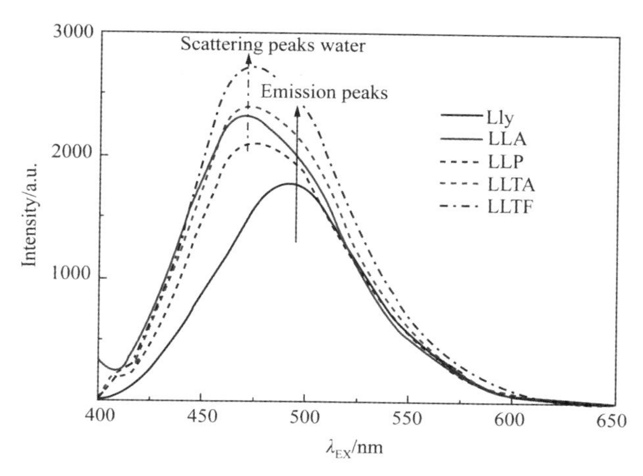

图 2–18　L–赖氨酸及其盐溶液 400nm 激发光下的发射光谱

从图中可以看出，L–赖氨酸及其盐溶液在 465nm 左右均产生了较明显的溶剂水拉曼散射峰，但同时所有L-精氨酸盐溶液的发射谱线在500nm处也含有明显的特征荧光峰，所以，包括L-赖氨酸磷酸溶液在内，所有L-赖氨酸盐溶液均具有500nm波长的特征荧光发射。与L-精氨酸分子一样，L-赖氨酸分子也不具有荧光发色结构。根据氨基酸溶液结构研究现状以及L-精氨酸溶液荧光光谱性质，L-赖氨酸及其盐溶液的荧光发射，来自于溶液中分子间作用导致的分子聚集结构。

在不同pH值的溶液中，与L-精氨酸分子一样，L-赖氨酸离子形式也存在分布系数。根据文献报道，pH值在3.8~6.3之间的L-赖氨酸盐溶液中离子态98%以上一致，与L-赖氨酸溶液中离子态有区别。所有溶液均产生500nm的特征荧光发射，再次表明离子态对分子聚集及聚集体特征荧光发射没有明显影响。同时，我们发现，L-赖氨酸与磷酸混合溶液与其他L-赖氨酸盐溶液表现了同样的特征荧光发射，表明其溶液中磷酸根与其他酸根离子一样，参与的分子间作用没有对500nm荧光发射产生影响。所以，溶液中磷酸根和L-赖氨酸分子上羧基和α-氨基间不存在特殊相互作用。

表2-2给出了L-赖氨酸及其盐溶液的最佳激发、特征发射波长和溶液的pH值。相对于L-赖氨酸溶液，几种L-赖氨酸盐溶液的最佳激发波长蓝移至400nm左右，影响最佳激发波长的主要原因在于其吸收性质的变化，由于溶液中酸根离子的加入，使L-赖氨酸上氨基质子化，氨基的质子化使其失去孤对电子，电子跃迁发生变化，吸收蓝移并增强。吸收带蓝移后，溶液在近紫外区得到的光子数变少，因此其最佳激发波段也发生蓝移。

L-赖氨酸及其盐溶液的荧光发射光谱表明，L-赖氨酸上与L-精氨酸分子类似的羧基和α-氨基，与磷酸根之间并无影响分子聚集体荧光性质的特殊作用发生。因此，影响LAP溶液中分子聚集体荧光发射性质的分子间作用很有可能发生在磷酸与胍基之间。

表2-2　L-精氨酸及其盐溶液的激发和发射波长、溶液pH值

Amino salts	λ_{Ex}/nm	λ_{Em}/nm	pH值
L-lysine	430	501	10.5
LLP	407	498	4.5
LLTF	408	496	3.8
LLTA	406	496	6.0
LLA	400	495	6.3

2.3　磷酸滴定L-精氨酸溶液光谱

通过研究不同量磷酸对L-精氨酸溶液光谱的影响，进一步探究溶液中L-精氨酸与磷酸间的分子间作用。采用分析纯L-精氨酸，去离子水，配置了10份

0.1mol·L^{-1}的L-精氨酸溶液，并加入不等量的磷酸，其中磷酸的浓度范围为：0~0.3mol·L^{-1}，测试了每个样品的荧光发射光谱和紫外吸收光谱。

1. 荧光发射光谱

以纯水为标准背景，测试了10个样品的在330nm固定激发波长下的荧光发射光谱，如图2-19所示。由图可见，当溶液中磷酸浓度较低时，L-精氨酸溶液中分子聚集体的415nm特征荧光发射不受影响。直到磷酸浓度达到0.1mol·L^{-1}左右，荧光发射谱线发生变化，415nm的特征发射强度降低，伴随380nm处的特征发射峰的出现；随磷酸浓度升高，380nm特征荧光发射强度迅速增大，415nm特征峰被掩盖，不再具有明显峰型；溶液荧光光谱很快表现出唯一明显的380nm的特征发射谱峰。

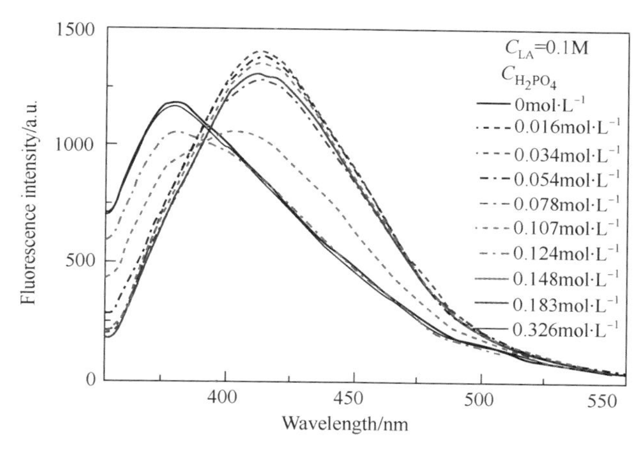

图2-19 含有不同浓度磷酸的L-精氨酸溶液的发射光谱，激发波长为330nm

当溶液中磷酸含量低于L-精氨酸的摩尔量时，L-精氨酸分子聚集体的荧光强度及发射波长不受影响，而等摩尔量磷酸的加入，使L-精氨酸溶液415nm的特征荧光发射出现急剧的变化。溶液中等摩尔的磷酸与L-精氨酸刚好形成了LAP分子，并且380nm稳定的荧光发射，与LAP溶液中L-精氨酸分子聚集体荧光发射一致，并且更多磷酸的增加不再改变380nm特征荧光发射。

L-精氨酸盐和L-赖氨酸及其盐溶液的荧光光谱研究已经表明，磷酸与胍基间作用是影响L-精氨酸分子聚集体特征荧光发射变化的原因。现在的结果更加表明，导致L-精氨酸分子聚集体荧光性质变化的特殊作用存在LAP分子中，即等摩尔的L-精氨酸与磷酸根之间，同时也说明相互作用的基团数比为1：1。

2. 紫外吸收光谱

紫外吸收光谱也是最常用的研究分子间相互作用的一种技术。它利用分子发生作用前后，吸收光谱峰形和峰位的变化来判断分子间相互作用的存在，通过与其他光谱手段结合可以进一步得到有关分子间作用方式、结合参数等。紫外吸收光谱实验以去离子水作为背景吸收，采用1cm石英比色皿测试了溶液的紫外吸收情况，其中已知磷酸在所测紫外波段(200~350nm)无吸收，结果如图2-20所示。可以看出，L-精氨酸主要存在两个吸收带，分别在220~250nm和296nm左右。

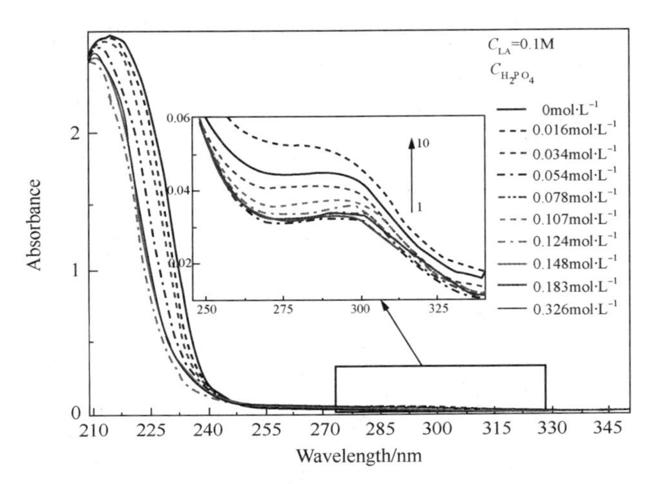

图2-20 含有不同浓度磷酸的L-精氨酸溶液的吸收光谱，磷酸浓度

注：插图为250~330nm波长内的吸收光谱。

220~250nm的吸收强度在2.5~2.7之间，在磷酸浓度增加的初始阶段，该波段吸收强度随之有较明显而降低，并且吸收波段也发生蓝移。在磷酸浓度达到一定程度之后，更多磷酸的加入对该波段吸收光谱影响较小。由L-精氨酸离子态形式和分布可以看出(图2-15)，在L-精氨酸溶液的pH值下，L-精氨酸分子上α-氨基以NH_2形式存在，220~250nm的吸收部分来自于N原子上的$n \to \sigma^*$跃迁。随着磷酸的加入，溶液pH值降低，氨基被质子化为NH_3^+，失去孤对电子，形成需要更高能量的$\sigma \to \sigma^*$跃迁，吸收波段因此蓝移，高波段吸收降低。直到所有氨基被质子化后，磷酸浓度的增加不再改变其吸收光谱。

由图可以看出，296nm左右的吸收带，在磷酸浓度增加的初始阶段，其吸收强度基本没有受到其影响。随磷酸浓度的增加，在一个浓度点开始，吸收强度开始随磷酸浓度增加逐渐升高。因此，该波段的吸收强度变化可以看作两个阶段，其间存在一个转变浓度点，整体变化与磷酸浓度为非线性变化关系。通过取磷酸浓度倒数作为变量，对非线性关系进行线性化，得到L-精氨酸溶液在296nm处吸收强度与磷酸浓度倒数关系曲线，如图2-21所示。溶液中0.1mol·L^{-1}的磷酸浓度是该波段吸收强度转变点，与引起荧光特征发射波长变化的磷酸浓度一致，表明等摩尔的磷酸与L-精氨酸形成的LAP分子，改变了原本L-精氨酸296nm处

吸收基团的性质，所以该基团也是荧光发射光谱发生变化的关键。

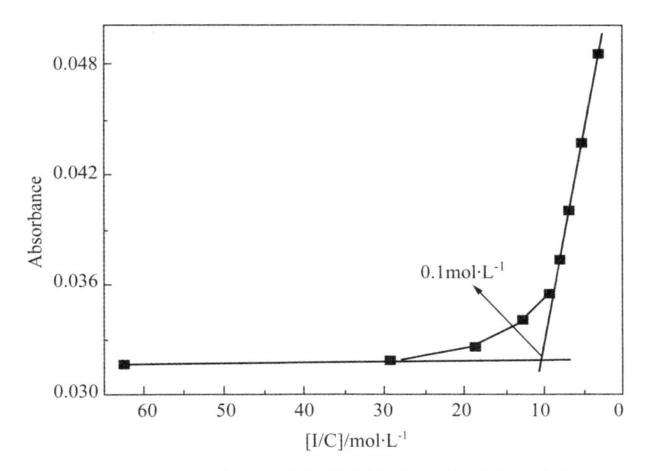

图 2-21　296nm 处吸收强度随磷酸浓度倒数变化曲线

296nm 处的吸收位于近紫外区，应该来自含有孤对电子共轭基团的 $n \rightarrow \pi^*$ 电子跃迁。L-精氨酸分子的羧基和胍基均具有 π 键，而羧酸根产生的吸收波段较深，一般位于 210nm 左右，因此我们认为 296nm 左右的吸收来自于胍基或者由其参与的团簇结构。同时，在磷酸浓度初始增加阶段(低于 0.1mol · L^{-1})，L-精氨酸分子的离子态由Ⅲ型转变为Ⅱ型(图 2-14)时，胍基的质子态也没有变化。LAP 分子形成后，随磷酸浓度增加，溶液 pH 值降低，胍基质子化状态依然不变，而羧基得到了正电荷，吸收峰会向长波段发生偏移，最多到 220nm。因此，LAP 分子的形成，改变了溶液中胍基或其团簇结构在 296nm 的吸收性质，且其强度的变化不是由基团电荷变化引起的。

结合磷酸滴定 L-精氨酸溶液的荧光光谱，296nm 处吸收强度变化的转变以及溶液特征荧光发射的变化，一致发生在 LAP 分子形成时。该现象表明，LAP 分子的形成，磷酸与 L-精氨酸分子间特殊作用的产生，使溶液中 L-精氨酸分子聚集体性质发生了变化。对应 296nm 吸收性质的变化，表明胍基是产生分子间特殊作用的主要参与基团，其吸收强度的变化极有可能就是磷酸根对胍基特殊作用的体现。因此，LAP 分子内磷酸-胍基特殊作用的产生改变了 L-精氨酸分子聚集体的特征荧光发射。

2.4　变温时 LAP 溶液中分子间作用探讨

1. 质子核磁共振谱

溶液核磁共振样品采用 LAP 晶体溶于重水中配制，浓度定为 0.5mol · L^{-1}。采用 Bruker advance 300M 核磁共振谱仪获得不同温度下 LAP 溶液的 ^{1}H-NMR 谱，如图 2-22 所示，变温范围为 300~312K。

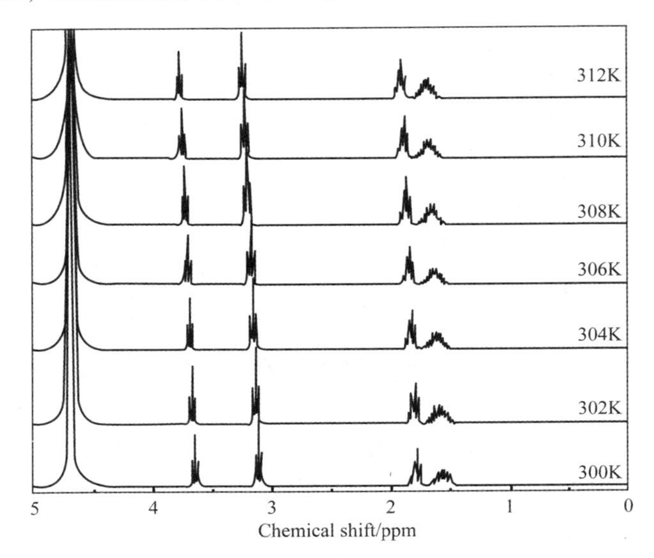

图 2-22　不同温度下 LAP 溶液 H^1-NMR 谱

由于磷酸根上氢原子易与氘置换，检测不到，谱图中质子化学位移峰分别来自溶剂中水分子和 L-精氨酸分子。L-精氨酸分子上原子序数参照图 2-17，出现在 1~4ppm 内的 4 个化学位移，从大到小分别来自 L-精氨酸分子 C_2、C_5、C_3、C_4 上的氢原子，而位于 4.7ppm 左右的化学位移由溶剂中的水分子产生。

温度变化时，质子化学位移发生偏移的原因有两个：一是分子热运动的变化，热运动一旦加剧，体系内所有氢原子上的电子活动范围增大，电子云密度就会降低，质子化学位移则向低场偏移。二是分子构象变化，对 L-精氨酸分子构象的研究表明，溶液温度升高时，构象趋向弯曲，而构象弯曲则会引起质子上电子云密度降低，化学位移向低场偏移。由图 2-22 可以看出，水的质子化学位移没有发生变化，因此 L-精氨酸分子上 4 个化学位移向低场的偏移应该不是来自分子热运动，应该是温度升高时分子构象向弯曲型转变引起的。

为了详细分析 L-精氨酸分子构象随温度升高的变化情况，图 2-23 给出了不同氢原子化学位移随温度变化的线性关系，以及在温度变化内每个化学位移的变化量($\Delta\delta$)。可以看出，水分子上质子化学位移的变化量为零，L-精氨酸分子的质子化学位移随温度升高变化程度不一，其中 C_2 上氢原子的化学位移变化幅度最小，C_2、C_3、C_4 上质子化学位移随其位置距离羧基越远变化幅度越大，但距羧基最远、近胍基端的 C_5 上质子化学位移变化不是最大，表明 L-精氨酸分子两端趋向弯曲程度不一。由于受实验技术条件所限，温度变化范围较小，不能给出更全面的结果，因此温度变化范围有待扩大，需要结合其他手段进一步研究。

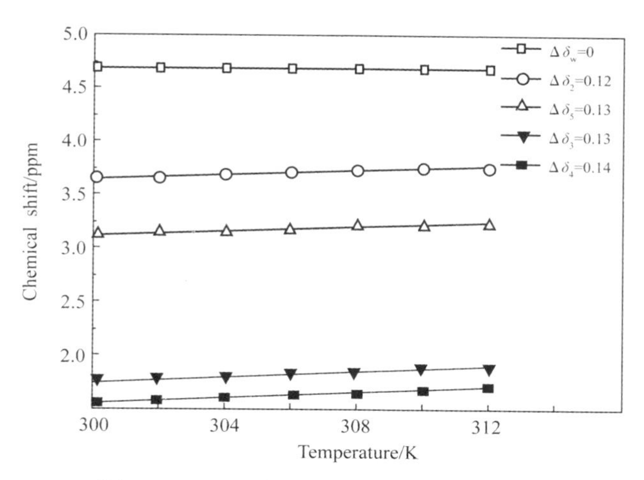

图 2-23 LAP 溶液化学位移随温度的变化

2. 原位红外光谱

由于原位光谱技术能在压力、温度变化条件下检测物质变化过程，从而使实验中得到的信息更趋于实际发生情况。配置 0.5mol · L^{-1}的 LAP 重水溶液，将一定量样品装入变温附件中，红外光谱采用 Nexus 670 FT-IR 红外光谱仪在 4000~600cm^{-1}范围内收集。从室温开始到 90℃，每隔 10℃采集一次光谱，每次等候 5min 体系达到热平衡，扫描光谱。90℃后开始降温至 40℃，每隔 10℃采集光谱一次。

室温下 LAP 重水溶液红外光谱如图 2-24 所示，根据 L-精氨酸溶液和 LAP 分子振动光谱相关报道，以及 L-精氨酸与 LAP 溶液红外光谱对比。溶液中 LAP 分子基团振动归属如下：1613cm^{-1}为 COO—反对称伸缩振动，重水溶液中 1585cm^{-1}是 N—C—N 反对称伸缩振动，1400~1500cm^{-1}来自于 C 链上 C—H 振动，1200cm^{-1}左右为重水振动吸收峰，1082cm^{-1}是 PO_4反对称伸缩振动，941cm^{-1}

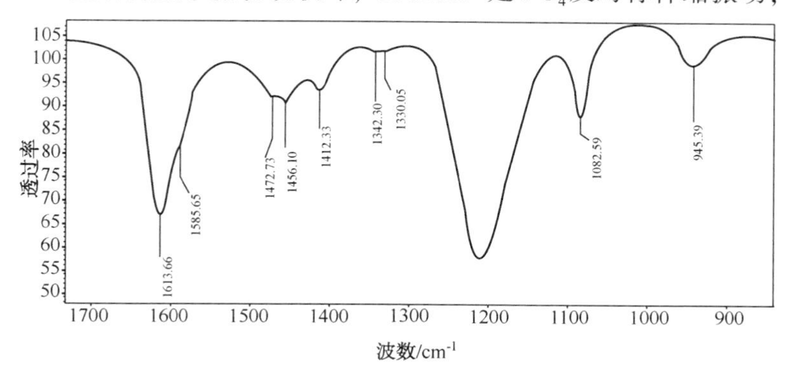

图 2-24 LAP 溶液红外光谱

来自于 P—O—H 伸缩振动。

因为我们关注的是温度变化下磷酸-胍基间作用变化与分子性质的关系，因此代表胍基基团的 1585cm^{-1} 处振动吸收，以及代表磷酸基团的 1082cm^{-1} 和 941cm^{-1} 振动吸收变化是主要研究对象。

1）1300～1700cm^{-1} 波段

图 2-25 给出了 LAP 溶液在 1300～1700cm^{-1} 波段温度变化下的光谱变化情况。

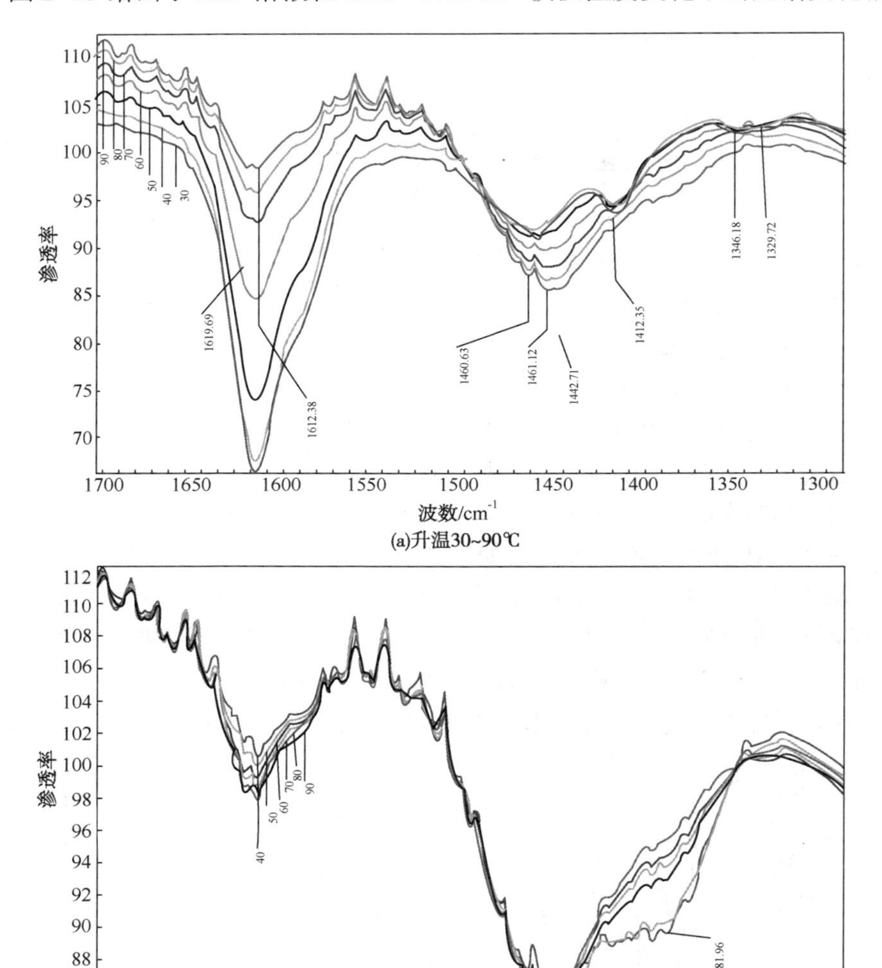

图 2-25　1300～1700cm^{-1} 不同温度下 LAP 溶液红外光谱

由图 2-25 可以看出，在温度升高时，羧基和胍基振动吸收持续降低，且在 50℃开始出现较为明显的肩峰 1619cm^{-1}(C═N 伸缩振动峰)，C 链上 C—H 振动吸收增强。图 2-25(b)显示温度降低时，只有 1381cm^{-1}处振动吸收明显增强，其他振动峰变化微小。

红外吸收峰频率由基团偶极矩变化频率决定，强度由偶极矩变化的幅度决定，跃迁概率越大、振动偶极矩变化幅度越大，则吸收强度越大。温度升高时，分子热运动加剧，羧基、胍基基团上电荷重新分配使其极性降低，因而振动吸收减弱；温度升高后，C═N 伸缩振动吸收的出现表明原本性质相近的两个 C—N 键出现了差别，胍基上的正电荷不再平均分布在所有 C—N 键上，该结果很可能是其中一个 C—N 键受到了特殊的基团间作用引起；C 链上不带电荷的 C—H 弯曲由于热运动而振动增强。温度降低时，分子间氢键作用增强，1381cm^{-1}处吸收峰的增宽和增强可能来自于氢键作用下羧基的对称伸缩。

2）900~1200cm^{-1}波段

温度变化下 900~1200cm^{-1}波段的光谱如图 2-26 所示，该波段主要振动吸收来自于磷酸根基团。温度升高时，PO_4振动吸收峰强度减弱，且 80℃开始向高波数偏移；而 P—O—H 振动吸收峰减弱变宽，向低波数偏移。温度降低时，PO_4振动峰增强增宽且向高波数有一定偏移，其变化趋势与温度升高时变化基本相反；而 941cm^{-1}处吸收峰随温度降低减弱至消失。

升温过程中，磷酸根的两个振动峰强度降低，可能是由于分子热运动引起的极性降低，而两个振动吸收峰向不同方向的偏移表明 P═O 键与 P—O—H 键性质发生不同变化，表示磷酸基团的磷氧四面体发生了畸变。而 PO_4振动峰在升温和降温过程中出现相反变化，说明温度引起的磷酸基团形变有部分恢复功能。

3）红外光谱二维相关分析

根据一系列相关的一维红外光谱，通过一种数学方法，得到分子内或分子间化学键振动模式之间的相互关系，就是二维相关红外光谱。我们通过改变温度，得到了一系列的 LAP 溶液红外光谱，其中磷酸与胍基上化学键振动模式变化的相关性是我们关注的重点，即温度变化下，1082cm^{-1}、941cm^{-1}和 1585cm^{-1}处振动吸收变化的相关性。因此，采用 2D-Shige 软件处理数据，Origin 软件绘图，得到温度分辨的 900~1700cm^{-1}的二维红外相关光谱，如图 2-27 所示。图中等高线的密集程度表明对应基团变化的相关性，密集程度越高，相关性越强。其中，实线表示正相关，即对应的两个基团变化趋势一致；虚线表示负相关，即对应基团变化趋势相反。越密集的实线，相对应的基团变化的一致性越高，越密集的虚线，则表示对应集团变化越相反。

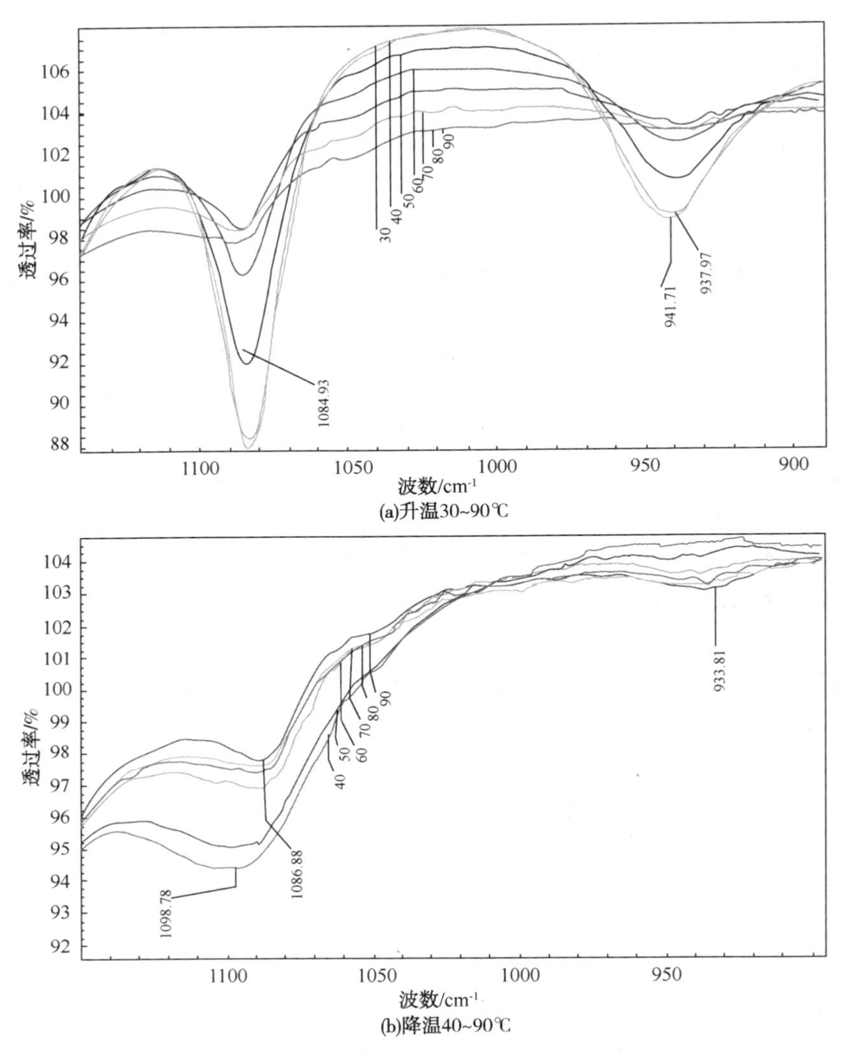

(a)升温30~90℃

(b)降温40~90℃

图 2-26　900~1300cm^{-1}不同温度下 LAP 溶液红外光谱

由于代表羧基基团的 1585cm^{-1}与 COO—反对称伸缩产生的 1613cm^{-1}振动峰位置接近，可以看出，其他基团与两者的相关性组成在 1600cm^{-1}左右较多的等高线。由图中可以看出，位于对角线上的均是正的自相关等高线；位于羧基和胍基之间 C 链上的 C—H 弯曲振动，与 1600cm^{-1}振动成负相关，表明其变化与分子两端振动变化趋势相反；1200cm^{-1}处重水的振动与 1600cm^{-1}振动成正相关，表明分子两端与水分子具有相互作用，且变化趋势一致；我们所关注的磷酸基团，其与胍基的相关性，包括在 1600cm^{-1}左右形成的 A、B 两处实线等高线内，表明磷酸

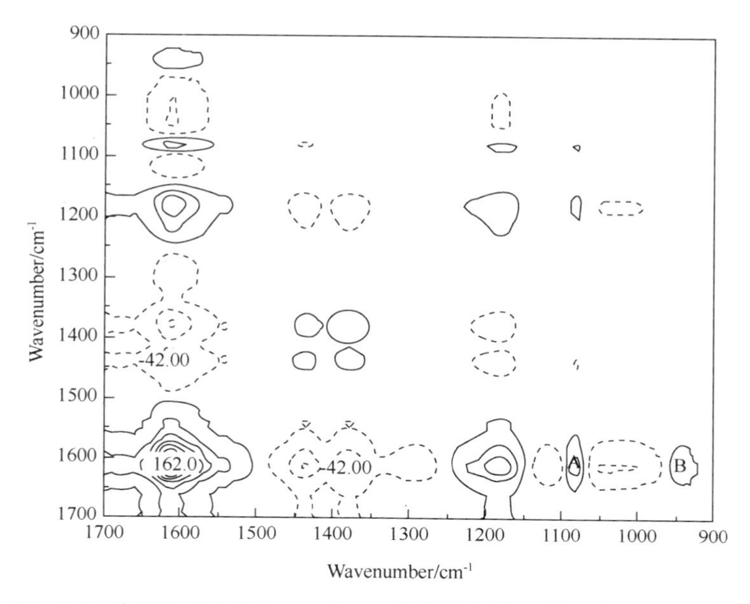

图 2-27 LAP 溶液温度分辨(30~90℃)二维同步相关红外光谱(900~1700cm^{-1})

基团振动变化与L-精氨酸分子两端基团具有相关性，且变化一致，但难以排除该相关性中羧基的参与，因此存在正相关性的磷酸与L-精氨酸分子，不能确定磷酸与胍基是唯一的关联。

参考文献

[1] Saito A, Igarashi K, Azuma M, Ooshima H. Aggregation of p-Acetanisidide Molecules in the Under- and Super-saturated Solution and Its Effect on Crystallization[J]. Journal of Chemical Engineering of Japan, 2002, 35(11): 1133-1139.

[2] Maruyama S, Ooshima H. Crystallization behavior of taltirelin polymorphs in a mixture of water and methanol[J]. Journal of Crystal Growth, 2000, 212(1-2): 239-245.

[3] Spitaleri A, Hunter C A, Mccabe J F, Packer M J, Cockroft S L. A 1H NMR study of crystal nucleation in solution[J]. Crystengcomm, 2004, 6(80): 489-493.

[4] Tanaka S, Ito K, Hayakawa R, Ataka M. Size and number density of precrystalline aggregates in lysozyme crystallization process[J]. Journal of Chemical Physics, 1999, 111(22): 10330-10337.

[5] Georgalis Y, Zouni A, Saenger W. Dynamics of protein precrystallization cluster formation[J]. Journal of Crystal Growth, 1992, 118(s3-4): 360-364.

[6] Georgalis Y, Zouni A, Eberstein W, Saenger W. Formation dynamics of protein precrystallization fractal clusters[J]. Journal of Crystal Growth, 1993, 126(2-3): 245-260.

[7] Minezaki Y, Niimura N, Ataka M, Katsura T. Small angle neutron scattering from lysozyme solutions in unsaturated and supersaturated states (SANS from lysozyme solutions)[J]. Biophysical Chemistry, 1996, 58(3): 355.

[8] Harris S P, Heller W T, Greaser M L, Moss R L, Trewhella J. Solution structure of heavy meromyosin by small - angle scattering [J]. Journal of Biological Chemistry, 2003, 278 (8): 6034-6040.

[9] 戴国亮，于泳，康琦，等. 溶菌酶晶体生长前期溶液中聚集体研究[J]. 化学学报，2004，62(8)：757-761.

[10] Vekilov P G. Nucleation[J]. Crystal Growth & Design, 2010, 10(12): 5007-5019.

[11] Eisele F L, Hanson D R. First measurement of prenucleation molecular clusters[J]. Journal of Physical Chemistry A, 2000, 104(4): 830-836.

[12] Wang L, Li S, Ruiz-Agudo E, Putnis C V, Putnis A. Posner's cluster revisited: Direct imaging of nucleation and growth of nanoscale calcium phosphate clusters at the calcite-water interface[J]. Crystengcomm, 2012, 14(19): 6252-6256.

[13] Sommerdijk N. The initial stages of template-controlled CaCO3 formation revealed by Cryo-TEM [J]. Science, 2009, 323(5920): 1455-1458.

[14] Dey A, Bomans P H, Müller F A, Will J, Frederik P M, de With G, Sommerdijk N A J M. The role of prenucleation clusters in surface-induced calcium phosphate crystallization[J]. Nature Materials, 2010, 9(12): 1010-1014.

[15] Finney A R, Rodger P M. Probing the structure and stability of calcium carbonate pre-nucleation clusters[J]. Faraday Discussions, 2012, 159(10): 47-60.

[16] Picker A, Kellermeier M, Seto J, Gebauer D, Colfen H. The multiple effects of amino acids on the early stages of calcium carbonate crystallization[J]. Zeitschrift für Kristallographie-Crystalline Materials, 2012, 227(11): 744-757.

[17] Zhang Y, Türkmen I R, Wassermann B, Erko A, Rühl E. Structural motifs of pre-nucleation clusters[J]. Journal of Chemical Physics, 2013, 139(13): 134506.

[18] Lu G W, Xia H R, Sun D L, Zheng W Q, Sun X, Gao Z S, Wang J Y. Cluster Formation in Solid - Liquid Interface Boundary Layers of KDP Studied by Raman Spectroscopy[J]. Physica Status Solidi, 2015, 188(3): 1071-1076.

[19] Kosugi K, Nakabayashi T, Nishi N. Low-frequency Raman spectra of crystalline and liquid acetic acid and its mixtures with water. : Is the liquid dominated by hydrogen-bonded cyclic dimers? [J]. Chemical Physics Letters, 1998, 291(3-4): 253-261.

[20] Teng H H. How Ions and Molecules Organize to Form Crystals[J]. Elements, 2013, 9(3): 189-194.

[21] Yoshiura H, Nagano H, Hirasawa I. Mechanism of specific influence of L-Glutamic acid on the shape of L-Valine crystals[J]. Journal of Crystal Growth, 2013, 363(3): 55-60.

[22] Wilcox D S, Rankin B M, Ben-Amotz D. Distinguishing aggregation from random mixing in aqueous t-butyl alcohol solutions[J]. Faraday Discussions, 2013, 167(12): 177.

[23] Kellermeier M, Rosenberg R, Moise A, Anders U, Przybylski M, Colfen H. Amino acids form prenucleation clusters: ESI-MS as a fast detection method in comparison to analytical ultracentrifugation[J]. Faraday Discussions, 2012, 159(159): 23-45.

[24] Nemes P, Schlosser G, Vékey K. Amino acid cluster formation studied by electrospray ionization mass spectrometry[J]. Journal of Mass Spectrometry, 2005, 40(1): 43-49.

[25] Hughes C E, Hamad S, Harris K D, Catlow C R, Griffiths P C. A multi-technique approach for probing theeVolution of structural properties during crystallization of organic materials from solution[J]. Faraday Discussions, 2007, 136(136): 71-89.

[26] Lewis W C M. The Crystallization, Denaturation and Flocculation of Proteins with Special Reference to Albumin and Hemoglobin; together with an Appendix on the Physicochemical Behavior of Glycine[J]. Chemical Reviews, 1931, 75(1): 81-165.

[27] Ginde R M, Myerson A S. Cluster size estimation in binary supersaturated solutions[J]. J. cryst. growth, 1992, 116(1-2): 41-47.

[28] Erdemir D, Chattopadhyay S, Guo L, Ilavsky J, Amenitsch H, Segre C U, Myerson A S. Relationship between self-association of glycine molecules in supersaturated solutions and solid state outcome[J]. Physical Review Letters, 2007, 99(11): 115702.

[29] Huang J, Stringfellow T C, Yu L. Glycine Exists Mainly as Monomers, Not Dimers, in Supersaturated Aqueous Solutions: Implications for Understanding Its Crystallization and Polymorphism [J]. Journal of the American Chemical Society, 2008, 130(42): 13973.

[30] Weissbuch I, Torbeev V Y, Leiserowitz L, Lahav M. Solvent effect on crystal polymorphism: why addition of methanol or ethanol to aqueous solutions induces the precipitation of the least stable beta form of glycine[J]. Angewandte Chemie, 2005, 44(21): 3226-3229.

[31] Towler C S, Davey R J, Lancaster R W, Price C J. Impact of Molecular Speciation on Crystal Nucleation in Polymorphic Systems: The Conundrum of γ Glycine and Molecular 'Self Poisoning'[J]. Journal of the American Chemical Society, 2004, 126(41): 13347-13353.

[32] Soma Chattopadhyay, Deniz Erdemir, eVans J M B, Ilavsky J, Amenitsch H, Segre C U, Myerson A S. SAXS Study of the Nucleation of Glycine Crystals from a Supersaturated Solution [J]. Crystal Growth & Design, 2005, 5(2): 523-527.

[33] Zhang D, Wu L, Koch K, Cooks R. Arginine clusters generated by electrospray ionization and identified by tandemmass spectrometry[J]. European Mass Spectrometry, 2000, 5(5): 353-361.

[34] Takats Z, Nanita S C, Cooks R G, Schlosser G, Vekey K. Amino acid clusters formed by sonic spray ionization[J]. Analytical Chemistry, 2003, 75(6): 1514.

[35] Toyama N, Kohno J Y, Mafuné F, Kondow T. Solvation structure of arginine in aqueous solution studied by liquid beam technique[J]. Chemical Physics Letters, 2006, 419(4-6): 369-373.

[36] Hamad S, Hughes C E, Catlow C R A, Harris K D M. Clustering of Glycine Molecules in Aqueous Solution Studied by Molecular Dynamics Simulation[J]. Journal of Physical Chemistry B, 2008, 112(24): 7280.

[37] Hagmeyer D, Ruesing J, Fenske T, Klein H W, Schmuck C, Schrader W, da Piedade M E M, Epple M. Direct experimental observation of the aggregation of α-amino acids into 100-200 nm clusters in aqueous solution[J]. Rsc Advances, 2012, 2(11): 4690-4696.

[38] Jawor-Baczynska A, Sefcik J, Moore B D. 250 nm Glycine-Rich Nanodroplets Are Formed on Dissolution of Glycine Crystals But Are Too Small To Provide Productive Nucleation Sites[J]. Crystal Growth & Design, 2013, 13(2): 470-478.

[39] Jawor-Baczynska A, Moore B D, Lee H S, McCormick A V, Sefcik J. Population and size distribution of solute-rich mesospecies within mesostructured aqueous amino acid solutions[J]. Faraday Discussions, 2013, 167(12): 425-440.

[40] Gebauer D, Kellermeier M, Gale J D, Bergstrom L, Colfen H. Pre-nucleation clusters as solute precursors in crystallisation[J]. Chemical Society Reviews, 2014, 43(7): 2348-2371.

[41] Hernández B, Pflüger F, Derbel N, Coninck J D, Ghomi M. Vibrational analysis of amino

acids and short peptides in hydrated media. VI. Amino acids with positively charged side chains: L-lysine and L-arginine[J]. Journal of Physical Chemistry B, 2010, 114(2): 1077-1088.

[42] Kitadai N, Yokoyama T, Nakashima S. Temperature dependence of molecular structure of dissolved glycine as revealed by ATR-IR spectroscopy[J]. Journal of Molecular Structure, 2010, 981(1-3): 179-186.

[43] Cerreta M K, Berglund K A. The structure of aqueous solutions of some dihydrogen orthophosphates by laser Raman spectroscopy[J]. Journal of Crystal Growth, 1987, 84(4): 577-588.

[44] Nishi N, Nakabayashi T, Kosugi K. Raman Spectroscopic Study on Acetic Acid Clusters in Aqueous Solutions: Dominance of Acid-Acid Association Producing Microphases[J]. Journal of Physical Chemistry A, 1999, 103(103): 10851-10858.

[45] Egashira K, Nishi N. Low-Frequency Raman Spectroscopy of Ethanol-Water Binary Solution: eVidence for Self-Association of Solute and Solvent Molecules[J]. Journal of Physical Chemistry B, 1998, 102(21): 4054-4057.

[46] Sastry N V, Vaghela N M, Macwan P M, Soni S S, Aswal V K, Gibaud A. Aggregation behavior of pyridinium based ionic liquids in water - Surface tension, 1 H NMR chemical shifts, SANS and SAXS measurements[J]. J Colloid Interface Sci, 2012, 371(1): 52-61.

[47] Niimura N, Minezaki Y, Ataka M, Katsura T. Aggregation in supersaturated lysozyme solution studied by time-resolved small angle neutron scattering[J]. Journal of Crystal Growth, 1995, 154(1-2): 136-144.

[48] Gründer Y, Mosselmans J F W, Schroeder S L M, Dryfe R A W. In Situ Spectroelectrochemistry at Free-Standing Liquid-Liquid Interfaces: UV - vis Spectroscopy, Microfocus X-ray Absorption Spectroscopy, and Fluorescence Imaging[J]. Journal of Physical Chemistry C, 2012, 117(11): 5765 - 5773.

[49] Hamada K, Take S, Iijima T, Amiya S. Effects of electrostatic repulsion on the aggregation of azo dyes in aqueous solution[J]. Journal of the Chemical Society Faraday Transactions, 1986, 82(10): 3141-3148.

[50] Asakura T, Ishida M. A nuclear magnetic resonance study on aggregation of an azo dye, Orange Ⅱ, in aqueous solution[J]. Journal of Colloid & Interface Science, 1989, 130(1): 184-189.

[51] Ding X, Stringfellow T C, Robinson J R. Self-association of cromolyn sodium in aqueous solution characterized by nuclear magnetic resonance spectroscopy[J]. J Pharm Sci, 2004, 93(5): 1351-1358.

[52] Shikii K, Sakamoto S, Seki H, Utsumi H, Yamaguchi K. Narcissistic aggregation of steroid compounds in diluted solution elucidated by CSI-MS, PFG NMR and X-ray analysis[J]. Tetrahedron, 2004, 60(15): 3487-3492.

[53] Forsyth M, Macfarlane D R. A study of hydrogen bonding in concentrated diol/water solutions by proton NMR correlations with glass formation[J]. Journal of Physical Chemistry, 1990, 94(17): 6889-6893.

[54] Hills B P, Pardoe K. Proton and deuterium NMR studies of the glass transition in a 10% water-maltose solution[J]. Journal of Molecular Liquids, 1995, 63(3): 229-237.

[55] Bhanumathi R, Vijayalakshamma S K. Proton NMR chemical shifts of solvent water in aqueous solutions of monosubstituted ammonium compounds[J]. Journal of Physical Chemistry, 1986,

90(19)：4666-4669.

[56] Mizuno K，Miyashita Y，Shindo Y，Ogawa H. NMR and FT-IR Studies of Hydrogen Bonds in Ethanol-Water Mixtures[J]. Journal of Physical Chemistry，1995，99(10)：3225-3228.

[57] Veselkov A N，eVstigneev M P，Veselkov D A，Santiagoc A A H，Davies D B. ^{1}H NMR investigation of the self-association of ethidium homodimer and its complexation with propidium iodide in aqueous solution[J]. Journal of Molecular Structure，2004，690(1-3)：17-24.

[58] Ng S，Sathasivam R V，Kong M L. Possible intermolecular association in triphenyltin chloride in the solution state as detected by NMR spectroscopy[J]. Magnetic Resonance in Chemistry，2011，49(11)：749-752.

[59] Kimura M. Characterization of the Dense Liquid Precursor in Homogeneous Crystal Nucleation Using Solution State Nuclear Magnetic Resonance Spectroscopy[J]. Crystal Growth & Design，2006，6(4)：854-860.

[60] Bogdan M，Floare C G，Pîrnau A. ^{1}H-NMR investigation of self-association of vanillin in aqueous solution[C]// 2009，182：012002.

[61] Taboada P，Attwood D，Ruso J M，Sarmiento F，Mosquera V. Self - Association of Amphiphilic Penicillins in Aqueous Electrolyte Solution：A Light-Scattering and NMR Study[J]. Langmuir，1999，15(6)：2022-2028.

[62] Wong J E，Duchscherer T M，Pietraru A G，Cramb D T. Novel Fluorescence Spectral Deconvolution Method for Determination of Critical Micelle Concentrations Using the Fluorescence Probe PRODAN[J]. Langmuir，1999，15(19)：6181-6186.

[63] Smith G J，Dunford C L，Kay A J，Woolhouse A D. The effects of molecular aggregation and isomerization on the fluorescence of "push-pull" hyperpolarizable chromophores[J]. Journal of Photochemistry & Photobiology A Chemistry，2006，179(3)：237-242.

[64] Pradhan T，Ghoshal P，Biswas R. Structural transition in alcohol-water binary mixtures：A spectroscopic study[J]. Journal of Chemical Sciences，2008，120(2)：275-287.

[65] 刘莹，倪晓武．乙醇-水团簇分子形成激基缔合物及荧光发射机理研究[J]．物理学报，2009，58(5)：3572-3577.

[66] Wu B，Liu Y，Han C Q，Luo X S，Lu J，Ni X Wu. Derivative fluorimetry analysis of new cluster structures formed by ethanol and water molecules[J]. Chinese Optics Letters，2009，7(2)：159-161.

[67] 吴斌，刘莹，韩彩芹，骆晓森，陆建，倪晓武．乙醇-水溶液中团簇分子的基元荧光光谱研究[J]．光谱学与光谱分析，2010，30(5)：1285-1289.

[68] 许金钩，王尊本．荧光分析法[M]．北京：科学出版社，2006.

[69] Roy S，Dey J. Effect of hydrogen-bonding interactions on the self-assembly formation of sodium N-(11-acrylamidoundecanoyl)-L-serinate，L-asparaginate，and L-glutaminate in aqueous solution[J]. Journal of Colloid & Interface Science，2007，307(1)：229-234.

[70] 甘晓娟，刘绍璞，刘忠芳，王亚琼，崔志平，胡小莉．某些芳香族氨基酸作探针荧光猝灭法测定安乃近及其代谢产物[J]．化学学报，2012，70(1)：58-64.

[71] 江欢，朱燕舞，王燕，何建波．7-羟基香豆素与三种芳香族氨基酸作用的荧光光谱研究[J]．光谱学与光谱分析，2013，33(8)：2117-2122.

[72] 刘永明，李桂芝．荧光猝灭法研究依诺沙星和蛋白质的相互作用[J]．应用化学，2004，21(6)：621-624.

[73] Hu Y J，Liu Y，Zhang L X，Zhao R M，Qua S S. Studies of interaction between colchicine

and bovine serum albumin by fluorescence quenching method[J]. Journal of Molecular Structure, 2005, 750(1-3): 174-178.

[74] Zhang H X, Huang X, Mei P, Li K H, Yan C N. Studies on the Interaction of Tricyclazole with β-cyclodextrin and human Serum Albumin by Spectroscopy[J]. Journal of Fluorescence, 2006, 16(3): 287-294.

[75] Ran D H, Wu X, Zheng J H, Yang J H, Zhou H P, Zhang M F, Tang Y J. Study on the interaction between florasulam and bovine serum albumin[J]. Journal of Fluorescence, 2007, 17(6): 721-726.

[76] Soares S, Mateus A N, De Freitas V. Interaction of Different Polyphenols with Bovine Serum Albumin (BSA) and Human Salivary α-Amylase (HSA) by Fluorescence Quenching[J]. Journal of Agricultural and Food Chemistry, 2007, 55(16): 6726-6735.

[77] Zhao G, Northrop B H, Han K L, Stang P J. The effect of intermolecular hydrogen bonding on the fluorescence of a bimetallic platinum complex[J]. Journal of Physical Chemistry A, 2010, 114(34): 9007-9013.

[78] Faridbod F, Ganjali M R, Larijani B, Riahi S, Saboury A A, Hosseini M, Norouzi P, Pillip C. Interaction study of pioglitazone with albumin by fluorescence spectroscopy and molecular docking[J]. Spectrochimica Acta Part A Molecular & Biomolecular Spectroscopy, 2011, 78(1): 96.

[79] Ranjbar S, Shokoohinia Y, Ghobadi S, Bijari N, Gholamzadeh S, Moradi N, Ashrafi-Kooshk M R, Aghaei A, Khodarahmi R. Studies of the Interaction between Isoimperatorin and Human Serum Albumin by Multispectroscopic Method: Identification of Possible Binding Site of the Compound Using Esterase Activity of the Protein[J]. The Scientific World Journal, 2013, 2013(1): 305081.

[80] Grigoryan K R, Shilajyan H A. Intermolecular interactions in albumin-sulfoxide-water systems at low temperatures, investigated by means of fluorescence quenching[J]. Russian Journal of Physical Chemistry A, 2013, 87(5): 780-782.

[81] 梅林，程正学，石开云，刘凌云．荧光光谱法研究分子间相互作用的应用进展[J]．激光杂志，2007，28(3)：84-85.

[82] Ikedu S, Nishimura Y, Arai T. Kinetics of Hydrogen Bonding between Anthracene Urea Derivatives and Anions in the Excited State[J]. Journal of Physical Chemistry A, 2011, 115(29): 8227-8233.

[83] Ye T, Jiang Y, Ou S Y. Interaction of cellulase with three phenolic acids[J]. Food Chemistry, 2013, 138(2-3): 1022-1027.

[84] Headley A D, Jackson N M. The effect of the anion on the chemical shifts of the aromatic hydrogen atoms of liquid 1-butyl-3-methylimidazolium salts[J]. Journal of Physical Organic Chemistry, 2002, 15(1): 52-55.

[85] Soederlind E, Stilbs P. Chain conformation of ionic surfactants adsorbed on solid surfaces from ^{13}C NMR chemical shifts[J]. Langmuir, 1993, 9(7): 1678-1683.

[86] Lee Y S, Woo K W. Micellization of Dodecyltrimethylammonium Bromide in D_2O as Probed by Proton Longitudinal Magnetic Relaxation and Chemical Shift Measurements[J]. Bulletin of the Korean Chemical Society, 1993, 14(3): 392-398.

[87] Luchetti L, Mancini G. NMR Investigation on the Various Aggregates Formed by a Gemini Chiral Surfactant[J]. Langmuir, 2000, 16(1): 161-165.

[88] Zhao Y, Gao S, Wang J, Tang J. Aggregation of ionic liquids [Cnmim]Br (n=4, 6, 8, 10, 12) in D_2O: A NMR study [J]. Journal of Physical Chemistry B, 2008, 112(7): 2031-2039.
[89] 李宏亮，张加玲，田若涛．荧光分析中溶剂的拉曼散射[J]．中国卫生检验杂志，2009 (3): 478-480.
[90] 刘春静，王蕾，焦永芳．动态光散射激光粒度仪的特点及其应用[J]．现代科学仪器，2011(6): 160-163.
[91] 戴国亮，于泳，康琦，胡文瑞．溶菌酶晶体生长前期溶液中聚集体研究[J]．化学学报，2004, 62(8): 757-761.
[92] Yannis Georgalis, Kierzek A M, Saenger W. Cluster Formation in Aqueous Electrolyte Solutions Observed by Dynamic Light Scattering[J]. Journal of Physical Chemistry B, 2000, 104(15): 3405-3406.
[93] Shiau L D, Lu Y F. Modeling solute clustering in the diffusion layer around a growing crystal [J]. Journal of Chemical Physics, 2009, 130(9): 094105.
[94] Binnig G, Quate C F, Gerber C. Atomic force microscope[J]. Physical Review Letters, 1986, 56(9): 930-933.
[95] Durbin S D, Carlson W E, Saros M T. In situ studies of protein crystal growth by atomic force microscopy[J]. Journal of Physics D Applied Physics, 1993, 26(8B): B128.
[96] Malkin A J, Land T A, Kuznetsov Y G, McPherson A, DeYoreo J J. Investigation of virus crystal growth mechanisms by in situ atomic force microscopy[J]. Physical Review Letters, 1995, 75(14): 2778.
[97] Pina C M, Becker U, Risthaus P, Bosbach D, Putnis A. Molecular-scale mechanisms of crystal growth in barite[J]. Nature, 1998, 395(6701): 483-486.
[98] Orme C A, Noy A, Wierzbicki A, McBride M T, Grantham M, Teng H H, Dove P M, DeYoreo J J. Formation of chiral morphologies through selective binding of amino acids to calcite surface steps. [J]. Nature, 2001, 411(6839): 775-779.
[99] Mcpherson A, Kuznetsov Y G, Malkin A, Plomp M. Macromolecular crystal growth as revealed by atomic force microscopy[J]. Journal of Structural Biology, 2003, 142(1): 32-46.
[100] Sours R E, Zellelow A Z, Swift J A. An in situ atomic force microscopy study of uric acid crystal growth[J]. Journal of Physical Chemistry B, 2005, 109(20): 9989-9995.
[101] 李锐，代本才，赵永德，卢奎．光谱法在分子间非共价相互作用中的应用及进展[J]．光谱学与光谱分析，2009, 29(1): 240-243.
[102] 梅林，程正学，石开云，刘凌云．荧光光谱法研究分子间相互作用的应用进展[J]．激光杂志，2007, 28(3): 84-85.
[103] Zhao G J, Northrop B H, Han K L, Stang P J. The effect of intermolecular hydrogen bonding on the fluorescence of a bimetallic platinum complex[J]. Journal of Physical Chemistry A, 2010, 114(34): 9007-9013.
[104] Chandan T, Nilotpal B, Moitree L, Sarma R J, Baruah J B. Fluorescence Quenching and Enhancement by H-bonding Interactions in Some Nitrogen Containing Fluorophores[J]. Supramolecular Chemistry, 2006, 18(8): 605-613.
[105] 江欢，朱燕舞，王燕，等．7-羟基香豆素与三种芳香族氨基酸作用的荧光光谱研究[J]．光谱学与光谱分析，2013, 33(8): 2117-2122.
[106] Kumaran R, Ramamurthy P. Denaturation Mechanism of BSA by Urea Derivatives: eVidence for Hydrogen-Bonding Mode from Fluorescence Tools[J]. Journal of Fluorescence, 2011, 21

(4): 1499-1508.

[107] Morales M E, Santillán M B, Jáuregui E A, Ciuffo G M. Conformational behavior of L-arginine and NG-hydroxy-L-arginine substrates of the NO synthase[J]. Journal of Molecular Structure Theochem, 2002, 582(1-3): 119-128.

[108] Wang L N, Zhang G H, Wang X Q, Wang L, Liu X T, Jin L T, Xu D. Studies on the conformational transformations of L-arginine molecule in aqueous solution with temperature changing by circular dichroism spectroscopy and optical rotations[J]. Journal of Molecular Structure, 2012, 1026(42): 71-77.

[109] Ding X, Stringfellow T C, Robinson J R. Self-association of cromolyn sodium in aqueous solution characterized by nuclear magnetic resonance spectroscopy[J]. J Pharm Sci, 2004, 93(5): 1351-1358.

[110] Liu X J, Wang Z Y, Duan A D, Zhang G H, Wang X Q, Sun Z H, Zhu L Y, Yu G, Sun G H, Xu D. Measurement of L-arginine trifluoroacetate crystal nucleation kinetics[J]. Journal of Crystal Growth, 2008, 310(10): 2590-2592.

[111] Sun Z H, Xu D, Wang X Q, Liu X J, Yu G, Zhang G H, Zhu L Y, Fan H L. Growth and characterization of the nonlinear optical crystal: L-arginine trifluoroacetate[J]. Crystal Research & Technology, 2010, 42(8): 812-816.

[112] Hernández B, Pflüger F, Derbel N, Coninck J D. Ghomi M. Vibrational analysis of amino acids and short peptides in hydrated media. VI. Amino acids with positively charged side chains: L-lysine and L-arginine.[J]. Journal of Physical Chemistry B, 2010, 114(2): 1077-88.

[113] 李宏亮, 张加玲, 田若涛. 荧光分析中溶剂的拉曼散射[J]. 中国卫生检验杂志, 2009(3): 478-480.

[114] 盛自华. L-赖氨酸盐的中和 pH 值[J]. 发酵科技通讯, 2001(4): 29-30.

[115] 刘书花, 吕功煊, 鲜亮. NMR 研究水溶液中 L-精氨酸与磷酸腺苷的相互作用及其构象变化[J]. 分子催化, 2006, 19(1): 57-61.

[116] Wu K, Liu C, Mang C. Theoretical studies on vibrational spectra and nonlinear optical property of l-arginine phosphate monohydrate crystal[J]. Optical Materials, 2007, 29(9): 1129-1137.

[117] Dhanaraj G, Srinivasan M R, Bhat H L. Vibrational spectroscopic study of L-arginine phosphate monohydrate (LAP), a new organic non-linear crystal[J]. Journal of Raman Spectroscopy, 1991, 22(3): 177-181.

[118] 赵晓坤. 浅谈影响红外吸收光谱强度的因素[J]. 内蒙古石油化工, 2007(12): 188-190.

[119] Noda I. Two-dimensional infrared spectroscopy[J]. Journal of the American Chemical Society, 1989, 111(21): 8116-8118.

第 3 章　新晶体结构与性质

为了更全面地研究胍基及其参与的基团间作用对晶体结构及其性能的影响，设计并制备了三种氨基酸盐新晶体，包括含有胍基的 L-精氨酸对硝基苯甲酸盐（LANB），不含胍基的 L-赖氨酸对硝基苯酚盐(LLNP)和 L-赖氨酸对甲苯磺酸盐（LLTS）。同时，合成制备了两种胍基衍生物新晶体：肌酸三氟乙酸盐(CTF)和磷酸双乙酸胍盐(PBGA)。研究了几种新晶体的晶体结构、单晶生长、分子光谱、光学、热学等性质，并对氨基酸盐晶体中的分子构象变化和 PBGA 晶体中的磷酸-胍基间作用进行了探讨。

1　制备与结构表征

L-精氨酸分子的羧基、α-氨基以及胍基均易得失电子，形成带电荷基团，容易与其他离子产生分子间作用力，基团间较长的柔性碳链使其具有构象多变特性。在不同的离子间作用下，L-精氨酸盐中不同的 L-精氨酸分子构象，可能是导致其晶体性能差异的一个原因。

近些年，一些性能优良的 L-精氨酸盐晶体已经被报道，如 L-精氨酸三氟乙酸盐(LATF)、L-精氨酸双三氟乙酸盐(LABTF) 和 L-精氨酸双对硝基苯酚(LAPP)晶体，在这些晶体中，L-精氨酸的不同分子构象也被发现，其中在 LATF 和 LABTF 晶体中，以及水溶液中的构象变化已经被研究。而 L-赖氨酸分子与 L-精氨酸分子结构类似，如图 2-17 所示其分子上氨基替代了 L-精氨酸分子上的胍基，对 L-赖氨酸盐晶体的研究有助于对比分析胍基在 L-精氨酸分子构象及性质变化中的作用。

同时，根据生物化学研究报道以及我们目前的研究结果，说明胍基在 L-精氨酸分子构象变化，分子内基团间作用中扮演了重要角色。因而，设计并制备了三种氨基酸盐和两种胍基衍生物新晶体，并对其晶体结构中分子构象及基团间作用进行了初步研究。

1.1 合成与制备

1. 合成

实验采用上海国药生产的L-精氨酸、L-赖氨酸、肌酸、胍基乙酸和三氟乙酸，为分析纯，没有经过进一步提纯而直接使用。L-精氨酸和L-赖氨酸都是手性分子，其化合物容易获得具有非对称中心的晶体结构，许多相关晶体具有较好的非线性光学性能。在设计氨基酸盐晶体中，选择了含有较大共轭性分子的化合物，以便提高材料的二阶非线性光学效应。在新的氨基酸盐晶体中，对硝基苯甲酸，对硝基苯酚，对甲苯磺酸作为阴离子基团，苯环以及平面结构的存在使其具有极强的共轭性，分子易于极化，会导致相应晶体具有较高的非线性光学性能。

肌酸和三氟乙酸在水溶液中混合，肌酸分子缩水成为肌酸酐基团，获得了肌酸酐三氟乙酸盐晶体(CTF)。胍基乙酸是生命活动中，甘氨酸代谢的中间产物，生命体中肌酸合成的前体。胍基乙酸与磷酸在水溶液中合成，获得了磷酸双乙酸胍晶体(PBGA)，五种化合物的反应式如图3-1所示。

适当加热使各种试剂充分溶解并反应，过滤后在40℃下采用溶剂蒸发自发结晶，得到相应的多晶原料。

2. 生长与形貌

选用溶剂蒸发所得原料，通过重结晶提纯后，采用平衡称重法获得了LANB，LLNP和LLTS三种氨基酸盐晶体在蒸馏水中的溶解度曲线。如图3-2所示，从中可以看出三种晶体在水中均具有较大的溶解度和正的溶解度系数，适合用降温或溶剂蒸发的方法进行单晶生长。

溶液pH值是影响晶体结晶习性，生长形貌的主要因素之一。合适的晶体生长溶液pH值，可以优化单晶生长，获得良好形貌的单晶。通过对不同pH溶液的显微结晶进行了观察，发现LANB、LLNP和LLTS晶体的最佳生长溶液pH值分别为7.5、6.5和5.5。采用重结晶原料，根据溶解度曲线配制了40℃的饱和生长溶液，调节合适的pH值，溶液过热至45℃保持12h后过滤。

采用重结晶原料，根据溶解度曲线配制了40℃的饱和生长溶液，调节合适的pH值，溶液过热至45℃保持12h后过滤。将水浴温度降至饱和点上1℃左右时吊入籽晶，可以观察到籽晶表面杂晶的溶解，然后降温至饱和温点开始单晶生长。控温程序以每天0.2℃降温，约15~20天得到高质量的单晶。图3-3为生长所得三种新的氨基酸盐晶体。

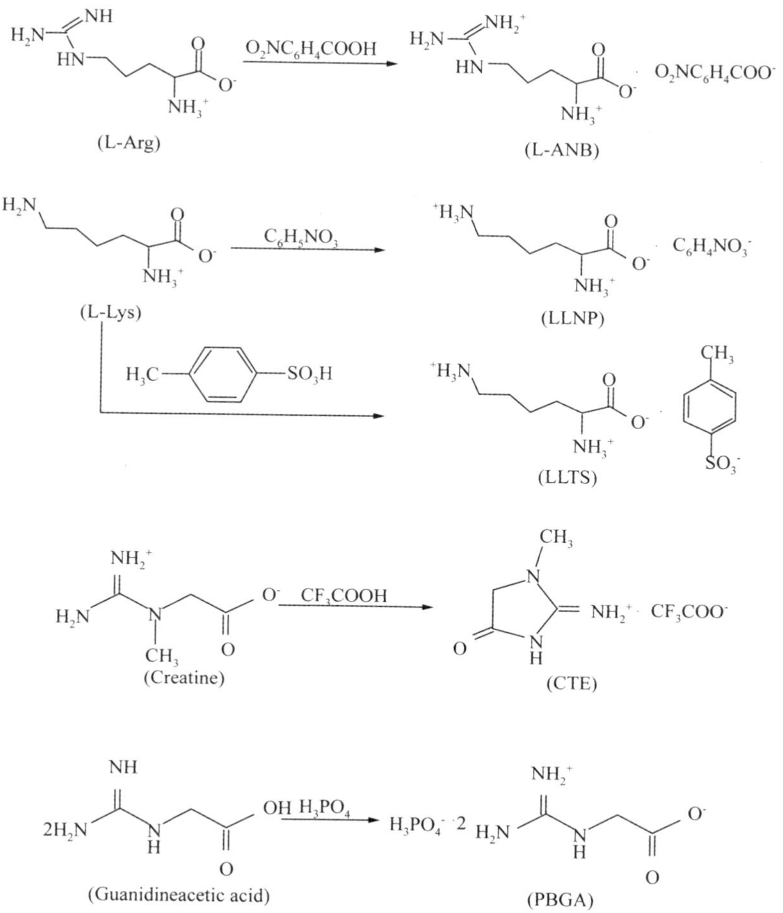

(L-Arg) $\xrightarrow{O_2NC_6H_4COOH}$ (L-ANB) $\cdot O_2NC_6H_4COO^-$

(L-Lys) $\xrightarrow{C_6H_5NO_3}$ (LLNP) $\cdot C_6H_4NO_3^-$

(L-Lys) $\xrightarrow{H_3C-C_6H_4-SO_3H}$ (LLTS)

(Creatine) $\xrightarrow{CF_3COOH}$ (CTE) $NH_2^+ \cdot CF_3COO^-$

2 (Guanidineacetic acid) $\xrightarrow{H_3PO_4}$ $H_3PO_4^- \cdot 2$ (PBGA)

图 3-1　LANB，LLNP，LLTS，CTF 和 PBGA 晶体的合成反应

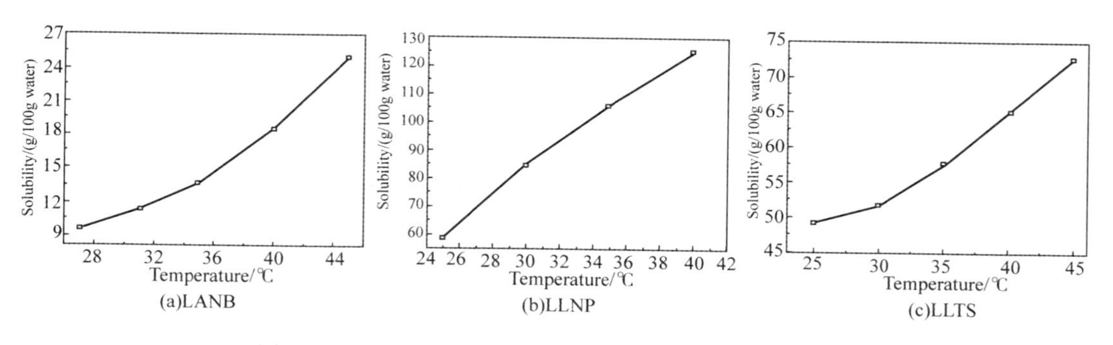

图 3-2　LANB、LLNP 和 LLTS 晶体在水中的溶解度曲线

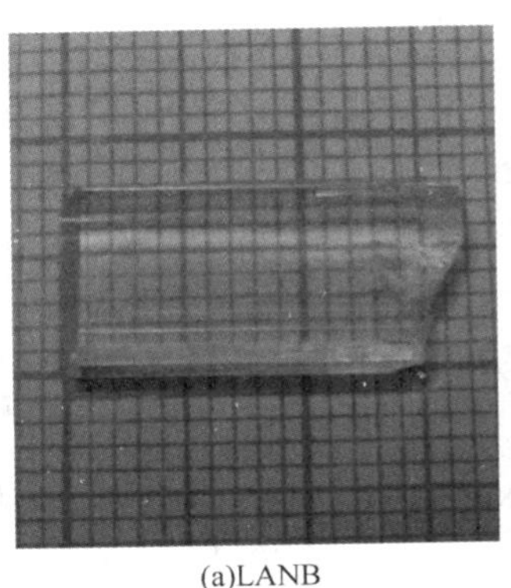
(a)LANB

(b)LLNP

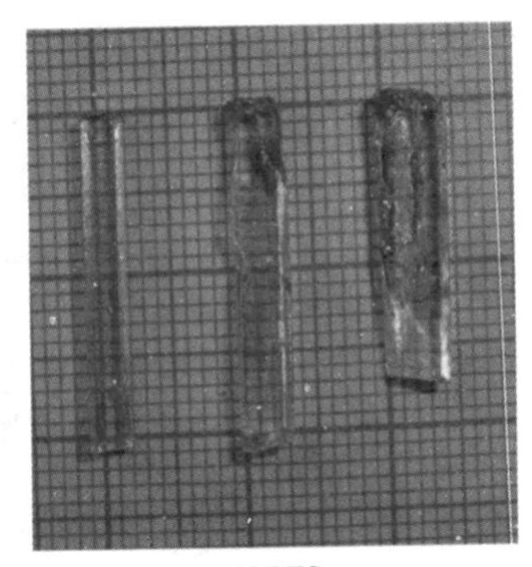
(c)LLTS

图 3-3　降温法获得的 LANB、LLNP 和 LLTS 晶体

1.2　单晶结构

选择溶剂蒸发结晶中质量完美的小单晶进行解体结构解析。利用 Bruker AXS SMART APEX Ⅱ单晶衍射仪进行结构测试，石墨单色 Mo-Kα 为辐射源，X-射线波长为 0.7107 Å，数据采集和晶胞参数的修正采用 SMART 软件，SHELXL-97 程序包解析结构，运用 $\omega:2\theta$ 方式进行数据收集。表 3-1 与表 3-2 分别列出了三种氨基酸盐和两种胍基衍生物晶体的结构数据。

表 3-1　LANB、LLNP 和 LLTS 晶体的晶胞参数

Identification code	LANB	LLNP	LLTS
Empirical formula	$C_{13}H_{21}N_5O_7$	$C_{12}H_{21}N_3O_6$	$C_{13}H_{22}N_2O_5S$
Formula weight	359.35	303.32	318.39
Crystal system	Monoclinic	Orthorhombic	Orthorhombic
Space group	$P2_1$	$P2_12_12_1$	$P2_12_12_1$
Unit cell dimensions	a = 8.566(3) Å	a = 5.4463(5) Å	a = 5.3464(4) Å
	b = 5.817(2) Å	b = 8.5227(7) Å	b = 15.3387(13) Å
	c = 17.131(7) Å	c = 30.937(3) Å	c = 18.5276(15) Å
	β = 101.223(5)°		
Volume	837.2(6) $Å^3$	1436.0(2) $Å^3$	1519.4(2) $Å^3$
Z	2	4	4

表 3-2　CTF 和 PBGA 晶体的晶胞参数

Identification code	CTF	PBGA
Empirical formula	$C_6H_8F_3N_3O_3$	$C_{12}H_{34}N_{12}O_{16}P_2$
Formula weight	227.15	664.45
Crystal system，Space group	Hexagonal，$R3c$	Triclinic，P-1

续表

Identification code	CTF	PBGA
Unit cell dimensions	a = 19.5983(6) Å，α= 90°	a = 7.776(2) Å，α= 89.591(2)°
	b = 19.5983(6) Å，β= 90°	b = 8.113(2) Å，β= 89.146(3)°
	c= 13.5396(8) Å，γ= 120°	c= 12.459(3) Å，γ = 61.37°
Volume	4503.7(3) $Å^3$	689.8(3) $Å^3$
Z	18	1

1. LANB 晶体

图 3-4 为 LANB 晶体的分子构型及沿 c 轴的投影，它属于单斜晶体，$P2_1$空间群，a = 8.566(3)，b = 5.817(2)，c= 17.173(7) Å，β = 101.223(2)°，V =837.2(6) $Å^3$，D = 1.425 g/cm^3，Z = 2。LANB 晶体结构中对硝基苯甲酸分子形成的平面基本平行于 L-精氨酸分子上的胍基平面，两个基团之间以 N—H…O 键相连，形成了平行于(210)的一组面网，如图 3-4(b)所示，沿 c 轴投影可以观察到(210)和(210)两组平面相交。整体分子沿 b 轴方向存在较强的结合力，晶体在该方向生长速率最快。

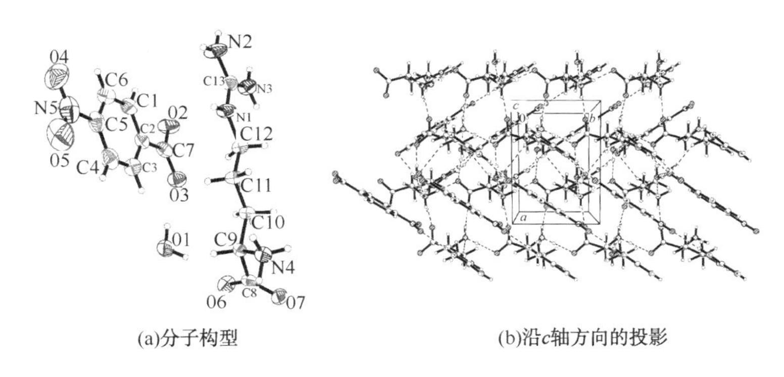

图 3-4 LANB 晶体的分子构型和沿 c 轴方向的投影图

L-精氨酸分子上的胍基与对硝基苯甲酸上的硝基，羧基均形成 N—H…O 键，两组平面上分子间只存在 N—H…O 键。沿 c 轴方向的平面之间以两种氢键连接：一种是 L-精氨酸上的胍基与对硝基苯甲酸上的硝基形成的 N—H…O 键，另一种是以水分子为媒介的氢键。LANB 晶体的氢键数据列于表 3-3 中。

表 3-3 LANB 晶体的氢键参数

Donor	Acceptor	Symm. Code of A	D-H/Å	H-A/Å	D-A/Å	∠(DHA)/(°)
O1	O3		0.85(4)	2.01(4)	2.838(4)	164(4)
N4	O1	$-x$+1，y+0.5，$-z$+1	0.91(3)	2.01(3)	2.802(4)	145(3)
N4	O6	x，y+1，z	1.00(4)	1.72(4)	2.717(4)	177(3)

续表

Donor	Acceptor	Symm. Code of A	D-H/Å	H-A/Å	D-A/Å	∠(DHA)/(°)
N4	O7	$-x+2, y+0.5, -z+1$	0.88(3)	2.06(3)	2.913(4)	162(3)
O1	O6		0.87(4)	1.91(4)	2.764(4)	169(4)
N3	O4	$x+1, y-1, z$	0.86	2.21	3.001(4)	153.4
N3	O2	$-x+1, y+0.5, -z$	0.86	2.22	2.957(4)	143.2
N2	O2	$x, y+1, z$	0.86	1.9	2.736(4)	163.9
N2	O2	$-x+1, y+0.5, -z$	0.86	2.04	2.821(4)	151.1

X-射线粉末衍射(XRPD)数据来自于 Bruker AXS D8 Advance 衍射仪，采用 CuKα 辐射，5°~50°的 2θ 衍射角范围，扫描步宽为 0.02 °，速率为 2 °/min。五种晶体的粉末衍射实验和理论图谱如图 3-5 所示，可以看出生长所得 LANB 晶体

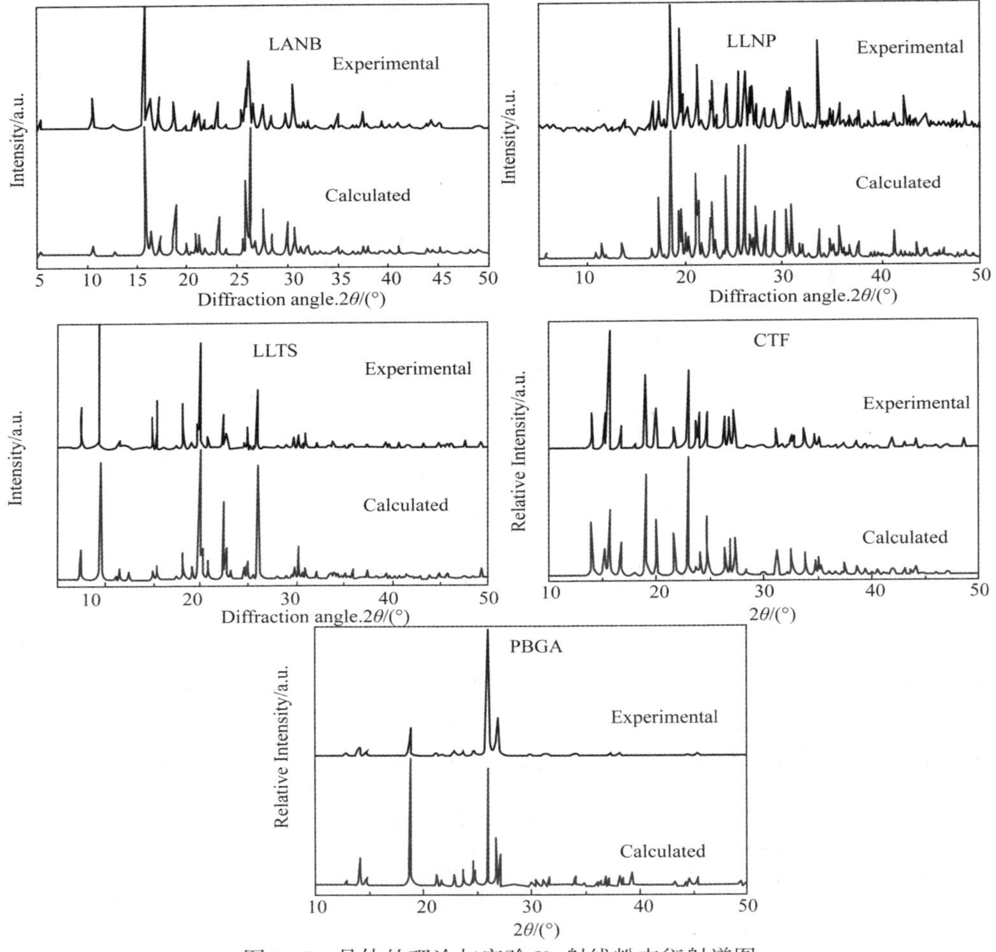

图 3-5 晶体的理论与实验 X-射线粉末衍射谱图

的理论和实验 XRPD 图谱能够很好地吻合，表明生长所得晶体物相单一，与室温下 X-射线单晶衍射仪所测单晶数据一致。

图 3-6 是采用 BFDH 理论分析所得五种晶体的生长形貌。LANB 晶体由 12 个锥面和 6 个柱面组成，其中(011)、(110)、(11$\bar{1}$)和它们的对称面形成晶体两端的锥面，(001)、($\bar{1}$01)、($\bar{1}$00)和它们的对称面围绕成晶体的柱面。对于真实的晶体形貌(图 3-3)，暴露出的大面为(001)，边上的斜面为($\bar{1}$00)，突出的顶端面为(011)。LANB 晶体主要沿 b 轴生长，晶体的最小尺寸方向对应于其最大的 c 轴。在温场梯度、溶剂种类、杂质等的影响下，较小的锥面(11$\bar{1}$)和($\bar{1}$11)是非常容易消失的。

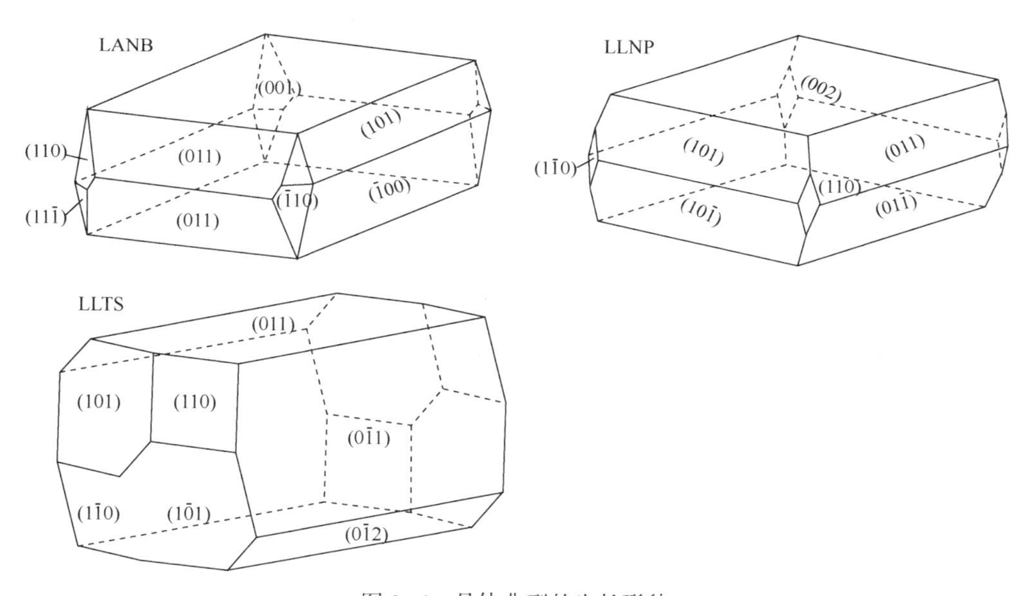

图 3-6 晶体典型的生长形貌

2. LLNP 晶体

图 3-7 为 LLNP 晶体的分子构型及沿 a 轴的投影，它属于正交晶体，$P2_12_12_1$空间群，a = 5.4463(5)，b = 8.5227(7)，c = 30.937(3) Å，V= 1436.0(2) Å^3，D = 1.403 g/cm^3，Z = 4。在 LLNP 晶体结构中，阴阳离子和水分子间通过 N—H…O 和 O—H…O 两种氢键连接，其中水分子是形成 O—H…O 键的主要因素。

晶体的氢键数据列于表 3-4 中。LLNP 晶体的粉末衍射实验和理论图谱如图 3-5 所示，能够很好地吻合。

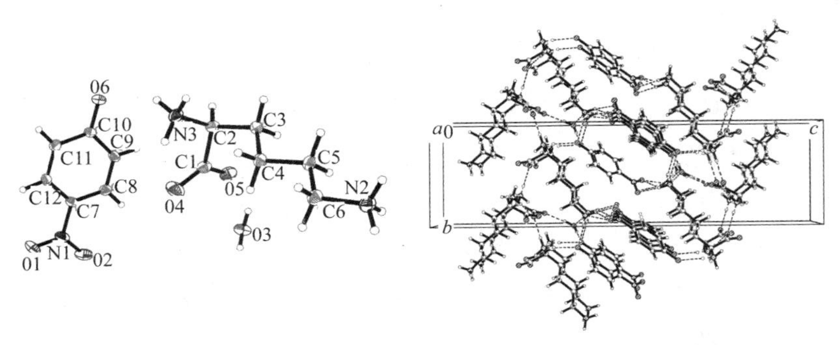

(a)分子构型　　(b)沿a轴方向的投影

图 3-7　LLNP 晶体的分子构型和沿 a 轴方向的投影图

表 3-4　LLNP 晶体的氢键参数

Donor	Acceptor	D−H/Å	H…A/Å	D…A/Å	<(DHA)/(°)
N2	O3#1	0. 92(2)	1. 81(2)	2. 7004(17)	163(2)
N2	O1#2	0. 86(2)	2. 320(19)	2. 8591(17)	120. 8(15)
N2	O2#3	0. 86(2)	2. 382(19)	3. 0000(18)	129. 0(15)
N2	O6#4	0. 92(2)	1. 91(2)	2. 8036(15)	162. 5(17)
N3	O5#5	0. 89(2)	1. 94(2)	2. 8141(15)	165. 5(18)
N3	O6#6	0. 898(18)	2. 026(18)	2. 9224(14)	176. 2(16)
O3	O6#7	0. 83(2)	1. 88(2)	2. 6987(14)	166. 7(18)
O3	O4#8	0. 86(2)	1. 85(2)	2. 7065(14)	177. 2(19)

Symmetry transformations used to generate equivalent atoms:

#1：$-x+1$，$y-1/2$，$-z+3/2$；#2：$-x+5/2$，$-y$，$z-1/2$；#3：$-x+3/2$，$-y$，$z-1/2$；#4：$-x+2$，$y-3/2$，$-z+3/2$；#5：$-x+2$，$y+1/2$，$-z+3/2$；#6：$-x+2$，$y-1/2$，$-z+3/2$；#7：x，$y-1$，z；#8：$x-1$，y，z。

LLNP 晶体的 BFDH 理论形貌如图 3-6 所示，含有六个基本面和四个顶面的圆柱多面体，其中(002)，(101)，$(10\bar{1})$，(011)，$(01\bar{1})$和它们的平行面是最明显的。LLNP 晶体的真实形貌如图 3-3 所示，可以看出显露的并列柱面分别是(002)，(011) 和 $(01\bar{1})$，顶端的两个斜面分别是$(10\bar{1})$ 和 (101)。晶体 a 轴方向具有较大的尺寸，表明其主要沿 a 轴生长。

3. LLTS 晶体

图 3-8 为 LLTS 晶体的分子构型及沿 a 轴的投影，它属于正交晶体，$P2_12_12_1$ 空间群，a = 5. 3464 (4) ，b = 15. 3387 (13) ，c = 18. 5276 (15) Å，V = 1519. 4(2) $Å^3$，D = 1. 392 g/cm^3，Z = 4。LLTS 晶体的氢键数据列于表 3-5

中。图 3-5 给出了 LLTS 晶体的粉末衍射实验和理论图谱。如图 3-6 所示，LLTS 晶体的理论生长面由 8 个锥面和 6 个柱面组成。

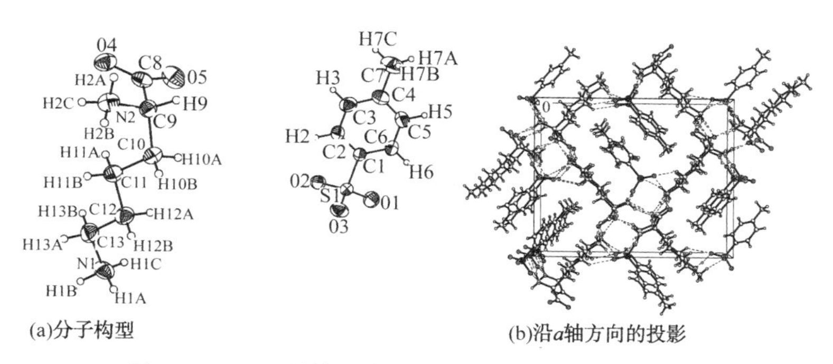

(a)分子构型　　(b)沿*a*轴方向的投影

图 3-8　LLTS 晶体的分子构型和沿 *a* 轴方向的投影图

表 3-5　LLTS 晶体的氢键参数

Donor	Acceptor	D-H/Å	H···A/Å	D-H···A/Å	<(DHA)/(°)
N2	O4	0.89(2)	1.97(2)	2.814(2)	157.0(18)
N2	O3	0.95(3)	1.93(3)	2.810(2)	153(2)
N1	O4	0.98(3)	2.04(3)	2.913(2)	146(2)
N1	O5	0.99(3)	1.92(3)	2.882(3)	162(2)
N1	O1	0.89(3)	2.11(3)	2.825(2)	137(3)

4. CTF 与 PBGA 晶体

CTF 晶体属于六方晶系，*R*3c 空间群，晶胞参数为：$a = b = 19.5983(6)$，$c = 13.5396(8)$ Å，$\gamma = 120°$，$V = 4503.7(3)$ Å^3，$D = 1.508$ Mg/m^3，$Z = 18$。图 3-9 给出了 CTF 晶体的分子构型及沿 *c* 轴的晶胞投影图，可以看出，肌酸分子缩水成为带正电荷的肌酸酐，与三氟乙酸阴离子以氢键连接，组成了 CTF 晶体分

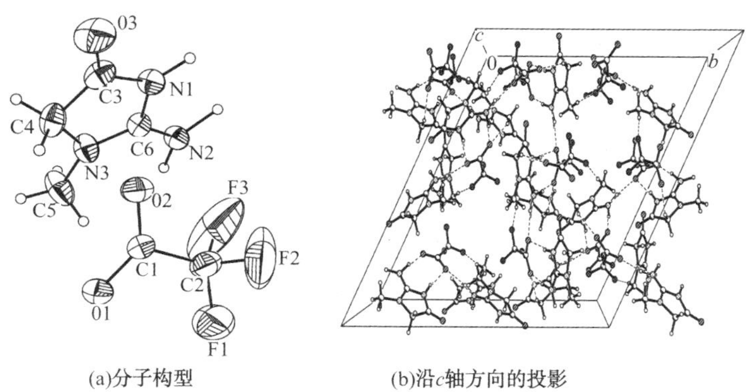

(a)分子构型　　(b)沿*c*轴方向的投影

图 3-9　CTF 晶体的分子构型和沿 *c* 轴方向的投影图

子。该晶体单胞内含有较多的分子，因而具有其较大的单胞参数。

表 3-6 给出了 CTF 晶体的氢键数据，CTF 晶体中只有一种氢键：N—H…O，其产生于三氟乙酸上羧基与肌酸酐上 N—H 基团之间。肌酸缩水后形成的肌酸酐分子，氨基位置带有正电荷，羧基去质子化后形成的 COO—带有负电荷，因此这两个位置间容易形成氢键以利于电荷转移。CTF 晶体中所有氢键键长在 2.8 Å 左右，基团间结合力较强。由于肌酸失水形成了环状的肌酸酐分子，分子上不再具有特征的胍基基团，因此该晶体结构中类似胍基部分产生的基团间作用，对于研究胍基特性具有参考意义。

表 3-6　CTF 晶体的氢键数据

D—H…A	Symm. Code of A	D—H/Å	H…A/Å	D…A/Å	<DHA/(°)
N1—H1…O1	$x-1/3$, $x-y+1/3$, $z-1/6$	1.01	1.77	2.759(4)	164.1
N2-H2A…O1	$-y+1$, $x-y$, z	1.05	1.86	2.894(4)	167.7
N2-H2B…O2	$x-1/3$, $x-y+1/3$, $z-1/6$	1.16	1.68	2.844(4)	173.5

PBGA 晶体属于三斜晶系，$P-1$ 空间群，晶胞参数为：a = 7.776(2)，b = 8.113(2)，c = 12.459(3) Å，α = 89.591(2)°，β = 89.146(3)°，γ = 61.37°，V = 689.8(3) Å^3，D = 1.599 Mg/m^3，Z = 1。图 3-10 给出了 PBGA 晶体的分子构型及沿 a 轴的晶胞投影图，两个胍基乙酸与一个磷酸根阴离子组成了 PBGA 分子，其中两个胍基乙酸解离形式不同，一个上的羧基完全失去质子形成 COO—基团，另一个羧基没有失去质子。从投影图可以看出，沿晶体 a 轴方向的氢键连接形成了明显的层状结构。

CTF 和 PBGA 晶体的理论和实验 XRPD 图谱如图 3-5 所示。可以看出，两种晶体的实验值和理论值能够很好地吻合，表明生长所得晶体物相单一，与室温下 X-射线单晶衍射仪所测单晶数据一致。

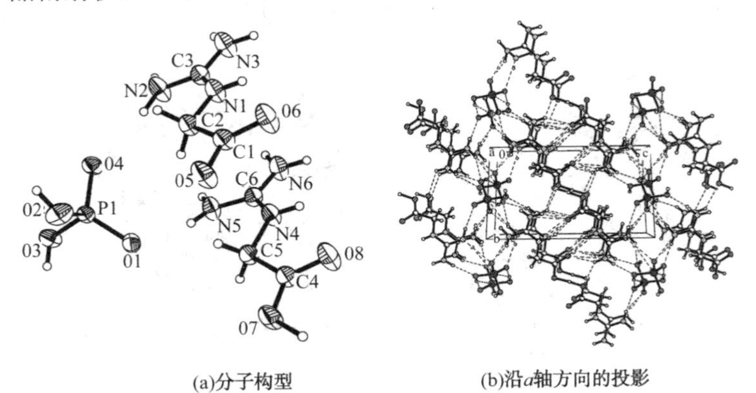

图 3-10　PBGA 晶体的分子构型和沿 a 轴方向的投影图

PBGA 晶体的氢键数据列于表 3-7 中，结合晶体晶胞投影图，可以看出 PBGA 晶体中，分子间氢键主要分为两种：N—H…O 和 O—H…O。其中，N—H…O主要产生与乙酸胍上胍基与磷酸根基团以及乙酸胍胍基与其羧基之间，O—H…O键出现在磷酸根基团间以及胍基乙酸上羧基间。

表 3-7　PBGA 晶体的氢键数据

D—H…A	Symm. Code of A	D-H/Å	H…A/Å	D…A/Å	<DHA/(°)
N2—H2…O4		0.871(19)	2.114(18)	2.9452(16)	159.4(17)
N3-H3A…O2	x+1, y-1, z	0.85(2)	2.15(2)	2.9688(17)	162(2)
N3-H3B…O8	-x+1, -y, -z+1	0.900(19)	2.03(2)	2.8457(18)	150.6(17)
N3-H3B…O5	x+1, y-1, z	0.900(19)	2.483(19)	3.0558(16)	121.9(16)
N4-H4…O6	-x+1, -y, -z+1	0.825(18)	2.101(18)	2.8697(16)	155.1(17)
N5-H5…O1	x+1, y-1, z	0.856(18)	2.015(18)	2.8504(16)	165.0(16)
N5-H6…O4	-x+1, -y, -z	0.981(19)	1.94(2)	2.8956(16)	163.5(15)
N6-H6A…O6	-x+1, -y, -z+1	0.862(17)	2.167(18)	2.9178(18)	145.4(16)
N6-H6A…O7	x+1, y-1, z	0.862(17)	2.478(17)	3.0902(16)	128.6(15)
N6-H6B…O3	-x+1, -y, -z	0.87(2)	2.16(2)	3.0269(17)	175.0(18)
O7-H7…O5	-x, -y+1, -z+1	1.20(3)	1.26(3)	2.4626(15)	174(2)
O7-H7…O6	-x, -y+1, -z+1	1.20(3)	2.39(3)	3.1503(15)	119.0(16)
O2-H8…O4	-x+1, -y+1, -z	0.872(18)	1.727(19)	2.5980(15)	175(2)
O3-H9…O1	-x, -y+1, -z	0.83(2)	1.75(2)	2.5761(14)	174(2)

胍基乙酸分子上胍基与羧基在一个平面上，两个基团间氢键作用使两个分子组成的一个二聚体单元，重复排列形成了平行于(110)的连续平面。磷酸根基团间 O—H…O 键键长小于2.6 Å，表明磷酸根基团间以非常强的氢键作用形成了分子自聚。沿 *a* 轴方向连接的磷酸根基团，形成了穿过胍基乙酸分子平面的磷酸根自聚链。

胍基乙酸分子二聚体重复单元之间以 N—H…O(磷酸-胍基)氢键连接，从而使胍基乙酸平面不断发展，结合该晶体中乙酸胍上 C ═N 键伸缩振动峰向低波数的偏移，表明磷酸-胍基间氢键作用在 PBGA 晶体结构及其性质中扮演了重要角色。并且，结构中磷酸自聚链的定向伸展，可能使晶体在该方向表现出特殊的物理性质，有待进一步研究。

2 性质表征

2.1 振动光谱

晶体的红外光谱是利用 Nexus 670 FT-IR 红外光谱仪在 400~4000cm^{-1}范围内收集，拉曼光谱是采用 NXR FT-Raman 光谱仪在相同的波段范围内测试。

1. 氨基酸盐振动光谱

图 3-11 给出了 LANB、LLNP 和 LLTS 晶体的红外/拉曼光谱，表 3-8、表 3-9 和表 3-10 分别为 LANB、LLNP 和 LLTS 晶体的光谱数据及基团振动归属。从

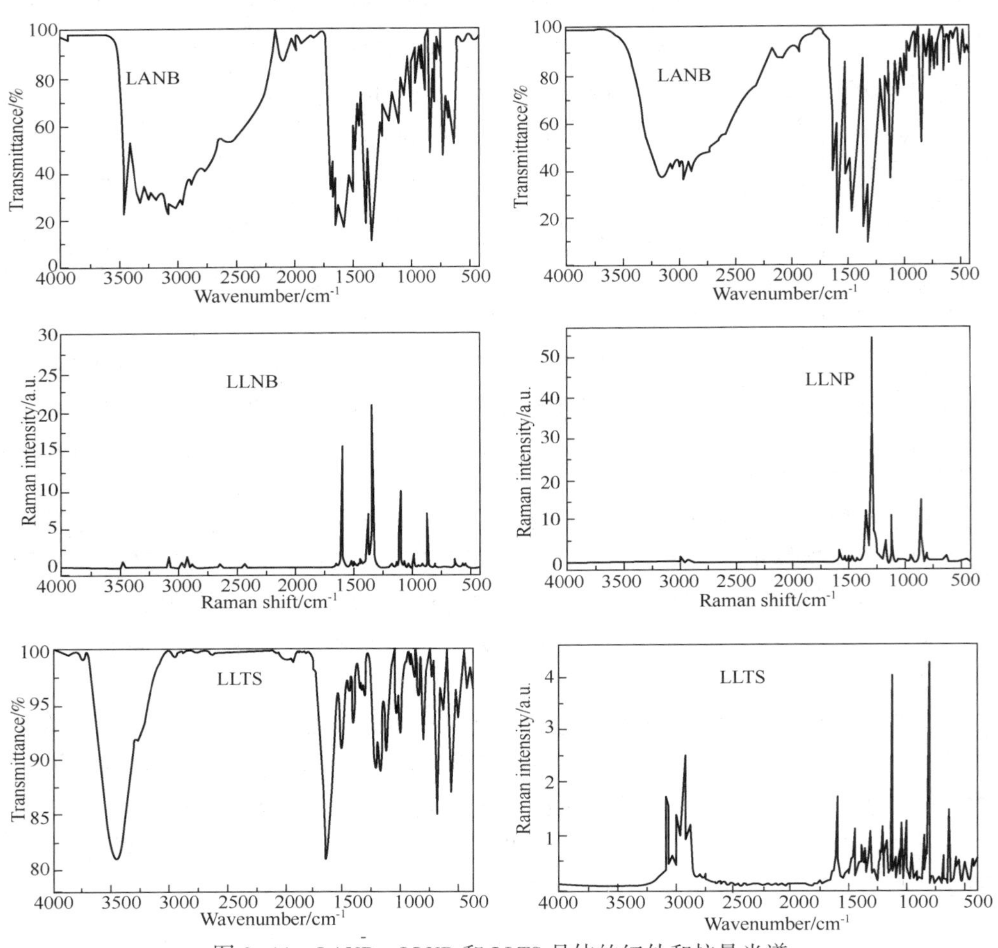

图 3-11 LANB、LLNP 和 LLTS 晶体的红外和拉曼光谱

晶体结构中已知，在 LANB 和 LLNP 晶体中含有水分子，水分子参与晶体结构中的分子间作用，形成了复杂的氢键网络。LANB 和 LLNP 晶体红外光谱中 2500~3000cm^{-1}较宽的峰包应该来自于其结构中复杂且有结晶水参与的氢键。LLTS 晶体中，对甲苯磺酸分子只有一端与 L-赖氨酸阳离子间形成较强的氢键，相较其他两种晶体，其氢键作用较少，2500~3000cm^{-1}没有明显振动吸收，位于3400cm^{-1}以上强的振动峰应该归功于阴阳离子间强的氢键作用。

表 3-8 LANB 晶体的红外和拉曼数据及振动归属

IR	Raman	Assignments	IR	Raman	Assignments
3454vs	3477w	H-bond	1240mb		ν(C-O)
3322vsb		ν_{as}(NH_2^+, NH_3^+)	1336sb	1337vs	τ(CH_2)
3251vsb		ν_s(NH_3^+)	1140m	1135w	ρ(NH_2^+)
3077vsb	3081w	ν_{as}(CH_2)	1114msh	1115m	ρ(NH_3^+)
2955vsb	2965vw	ν_s(CH_2)	1101mb	1103m	ν(C—O)
2870ssh	2875vw	ν(CH)	1065wsh	1067w	ν_{as}(C—O)
2503sb	2439vw	ν_s(OH)	1055mb		ν_s(C—O)
2111wb		ν_s(NH)NH_3^+	1036mb	1037vw	ω(CH_2)
1691s, 1667s		ν(C=O)	1008m	1009vw	ν_s(C—N)
1639s	1650w	δ_{as}(NH_3^+)	947m	947vw	ν(C—C)
1576sb	1597s	ν_{as}(COO^-)	909m	909vw	ν(C—C)
1557sb		ν_{as}(NO_2)	888m		ν_s(C—C—N)
1513ssh	1514w	δ_s(NH_3^+)	862w	863m	ω(CH)
1477msh,	1478w	ν_{as}(C—N)	825s	824vw	τ(CH_2)
1455m	1455w	δ(Phenyl)	800msh	800w	ρ(CH_2)
1432m	1438w	δ(CH_2)	692mb		δ(COO^-)
1404ssh, 1383s	1377s	ν_s(COO^-)	668mb		ω(CH)
1355ssh	1357w	ν_s(NO_2)	622mb	628w	δ(NO_2)

注：s—strong；m—medium；w—weak；b—broad；sh—shoulder；v—very；ν_s—symmetric stretching；ν_{as}—asymmetric stretching；ρ—rocking；δ—deformation；τ—torsion；ω—wagging。

氨基中的 N—H 键的伸缩振动吸收一般位于 3300~3500cm^{-1}，当氨基参与形成化合物时，其质子化以及与其他分子基团间的氢键会导致其振动带向低波数位移。LANB 晶体中胍基与氨基上的 N—H 伸缩振动吸收出现在 3322cm^{-1}，3251cm^{-1}，而 LLNP 与 LLTS 晶体中氨基的伸缩振动分别位于 3130cm^{-1}和3262cm^{-1}，虽然 L-精氨酸分子上胍基更加容易质子化，但其质子化后电荷在胍基平面上平均分布，因此其 N—H 伸缩振动向低波数偏移较少。

表 3-9 LLNP 晶体的红外和拉曼数据及振动归属

IR	Raman	Assignments	IR	Raman	Assignments
3292sb	3298vw	ν(O—H)	1172s	1169m	ν_s(C—O)
3130vsb		$\nu_{as}(NH_3^+)$	1147m	1149vw	$\rho(NH_3^+)$
2973vs	2974w	$\nu_{as}(CH_2)$	1117s	1112s	δ(CH)
2935vs		$\nu_s(NH_3^+)$	1058m	1059w	ν(C—C)
2865vs	2860vw	$\nu_s(CH_2)$	1033m		$\omega(CH_2)$
1612s		$\delta_{as}(NH_3^+)$	1008m		ν_{as}(C-N)
1580vs	1582w	$\nu_{as}(COO^-)$	987m	988w	δ(CH)
1493ssh	1499w	$\nu_{as}(NO_2)$	958w	956w	$\delta_{out\ of\ plane}$(CH)
1464vs	1472w	$\delta_s(NH_3^+)$	934wb		ν_s(C-N)
1428ssh	1434w	$\delta(CH_2)$	893m		ν_s(C—C—N)
1410ssh	1418w	$\nu_s(COO^-)$	852s	861s，853mb	ν_{ring}
	1343m	$\nu_s(NO_2)$	818m	818w	$\rho(CH_2)$
1333vs	1325m	$\tau(NH_3^+)$	762m	763w	$\delta(NO_2)$
1304vs	1290vs	ν(phenyl ring)	706m		$\delta_{out\ of\ plane}$(C—C=O)
1236msh	1239vw	ν_{as}(C—O)	668w		$\delta_{out\ of\ plane}$(C—C)

表 3-10 LLTS 晶体的红外和拉曼数据及振动归属

IR	Raman	Assignments	IR	Raman	Assignments
3451vsb		(H-bonding)		1213m	ν_s(C-O)
3262s		$\nu_{as}(NH_3^+)$	1175s	1186w，1171w	$\rho(NH_3^+)$
	3068s	$\nu_s(NH_3^+)$	1124s	1124vs	$\nu_{as}(SO_3)$
	2984m，2865m	ν(CH) + $\nu(CH_2)$		1058w	ν(C—C)
2945w	2948m	$\nu_{as}(CH_3)$	1035m	1037m	ν(C—S)
	2912s	$\nu_s(CH_3)$	1006m	1012m	$\nu_s(SO_3)$
1642vs	1646vw	$\delta_{as}(NH_3^+)$	951w	956w	δ(C—H)
1582ssh	1581wsh	$\nu_{as}(COO^-)$	917vw		ν(C—N)
1506m		$\delta_s(NH_3^+)$	888w		ν(C—C—N)
1468wsh	1478w，1464w	$\delta(CH_3)$	848w	853m	$\omega(NH_3^+)$
1443w	1443m	$\delta(CH_2)$	813m		$\rho(CH_2)$
1400m		$\nu_s(COO^-)$	796wsh	803vs	δ(CO)
	1384w	δ(CH)	682s	684w	$\delta_{as}(SO_3)$ + (C—S)
1357w	1359w	$\rho(CH)_{ring}$	639w	637s	ρ(C—O)
1332w		$\tau(NH_3^+)$	565s	576w，555w	$\delta_s(SO_3)$+δ(C—C—C)
1312w	1308w	ρ(CH)	501m	503w	ρ(C—C—C)
1220s	1228wsh	ν_{as}(C—O)	427w	430w	ω(C—N)

对于羧基产生的红外振动，O—H 伸缩振动一般出现在 3500cm^{-1}，C ═O 伸缩振动在 1700～1780cm^{-1}，COO—反对称伸缩和对称伸缩分别在 1550～1610cm^{-1}和 1300～1420cm^{-1}。LANB 晶体中 L-精氨酸与对硝基苯甲酸都含有羧基，且其最佳结晶的溶液 pH 值是碱性，表明其羧基去质子化强度较低，因此在 1691cm^{-1}、1667cm^{-1}出现了较为明显的两个 C ═O 伸缩振动，而 LLNP、LLTS 晶体在酸性溶液中具有较好结晶性，晶体中 L-赖氨酸分子的羧基很容易失去氢原子，形成 COO—基团，电子在两个 C—O 键上平均分布，C ═O伸缩振动不明显。三种晶体中产生的 COO—伸缩振动基本类似，分别出现在 1576cm^{-1}、1580cm^{-1}和 1582cm^{-1}。

芳香环上的硝基反对称和对称伸缩振动一般位于 1500～1560cm^{-1}和 1330～1380cm^{-1}，由于对硝基苯酚中羟基的强推电子作用，LLNP 晶体中硝基的伸缩振动比 LANB 晶体中出现在了更低的波数。

2. 胍基衍生物晶体振动光谱

室温下采集的 CTF 和 PBGA 晶体红外和拉曼光谱如图 3-12 所示。CTF 晶体的分子振动光谱归属参考肌酸酐化合物和三氟乙酸盐晶体的光谱报道，3000cm^{-1}以上的红外吸收来自肌酸酐上 N—H 的伸缩振动，C—H 伸缩振动在 2932cm^{-1}处产生非常强的红外吸收，较宽的吸收谱线由基团间氢键作用引起；肌酸分子形成了环状的酸酐分子，C ═O 键没有参与分子间作用，因此其反对称伸缩和对称伸缩振动吸收分别位于 1776cm^{-1}和 1704cm^{-1}，基团间氢键主要由三氟乙酸分子上羧基与肌酸酐分子上 N—H 形成，羧基的伸缩振动吸收向低波数位移，出现在 1635cm^{-1}处；CTF 分子的拉曼光谱较弱，其中较明显的 2937～2985cm^{-1}的拉曼峰来自于 C—H 的伸缩振动，1419cm^{-1}和 1436cm^{-1}谱峰来自 C—H 弯曲振动，三氟乙酸上 C—F 伸缩振动位于 1197cm^{-1}，具体吸收峰的归属见表 3-11。

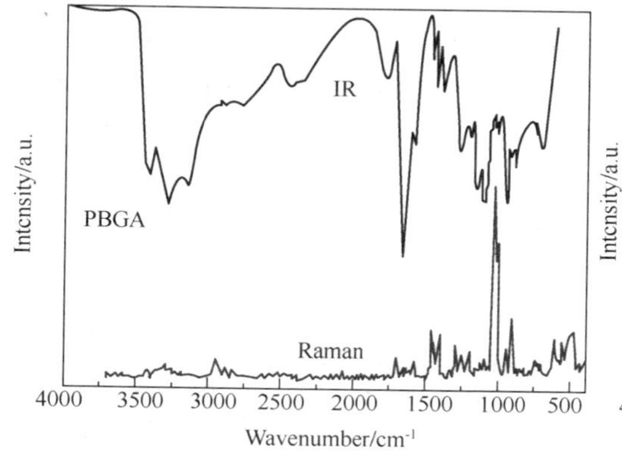

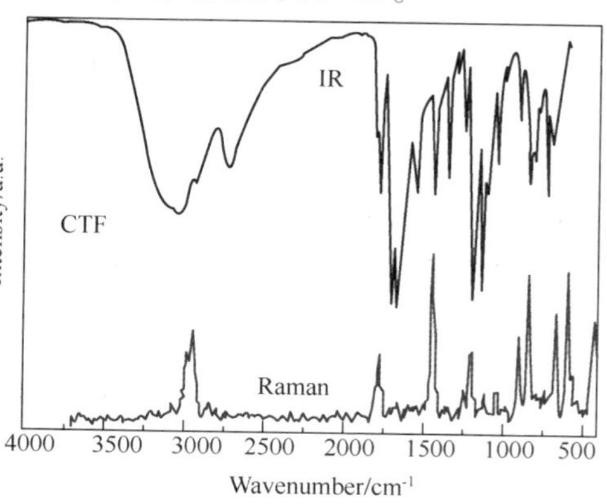

图 3-12 CTF 和 PBGA 晶体的红外/拉曼光谱

表 3-11　CTF 晶体的红外和拉曼数据及振动归属

IR	Raman	Mode assignments
3040vsb		ν_s(NH，NH_2)
2932vs	2985m，2956m，2937m	ν_s(C—H)
1776ssh	1767msh	ν_{as}(C=O)
1704vs		ν_s(C=O)
1670vs		$\delta_s NH_2+\nu$(C-N)
1635ssh		ν_{as}(COO—)
1552s		$\nu(C—N)_{ring}$
1434s，1345s	1436s，1419m	δ(C—H)
1241m	1241w	$\nu_{ring}+\nu$(C-N)
	1197m	ν(C—F)
1184vs		$\delta(CH_2)$
1137vs，1105s	1100w	ν(C—O)
1040m	1039m	$\omega(CH_2)$
984w		$\delta(CH_2)$
901m	900m	ν(C—C)
830m	834m	ν_{ring}
799m		$\rho(CH_2)$
723s	725w	$\omega(NH_2)$

参考胍基乙酸以及有机磷酸盐晶体的光谱性质，PBGA 晶体中 $3414cm^{-1}$ 明显的红外吸收峰来自于未去质子羧基上的 O—H 伸缩振动，并且其 C—O—H 伸缩振动位于 $1779cm^{-1}$；去质子化的羧基与胍基乙酸分子两端均存在大量氢键作用，因此其反对称和对称伸缩振动向低波数偏移，分别位于 $1585cm^{-1}$ 和 $1417cm^{-1}$；胍基乙酸及其化合物中 C=N 伸缩振动一般在 $1670cm^{-1}$ 左右，PBGA 晶体中 C=N 伸缩振动出现在 $1653cm^{-1}$，向低波数发生了较大的偏移。胍基上正电荷一般平均分布在胍基平面上，静电作用引起电荷重新分布，出现 C=N 伸缩振动，当 C=N 键受到其他相互作用使其电子云密度均匀化时，振动吸收向低波数偏移，该相互作用极有可能来自磷酸基团。磷酸基团产生的振动吸收位于 $1260cm^{-1}$，$1093cm^{-1}$ 和 $943cm^{-1}$，基本的集团振动吸收峰归属见表 3-12。

表 3-12　PBGA 晶体的红外和拉曼数据及振动归属

IR	Raman	Mode assignments
3414vs		ν(O—H)
3281vs		ν_{as}(N—H)

续表

IR	Raman	Mode assignments
3152vs		ν_s(N—H)
1779m		ν(C—O—H)
1653vs		ν_{as}(C ═N)
1585msh		ν_{as}(COO—)
1452w	1453m	g(OH)
1417m	1428m	ν_a(COO^-)
1383m	1394m	ν_s(C—O)
1260m	1283m	ν(P ═O)
1190m	1182w	ν(C—N)
1145s		ρ(NH_2)
1093s		ν(PO_4)
1014m	1016vs	ω(CH_2)
1002m	1002s	ν_{as}(C—N)
994m	993s	δ(CH_2)
943s	938m	ν(P—O—H)
871s		δ(C—H)

2.2 氨基酸分子构象变化研究

晶体分子的^{1}H-NMR 和 ^{13}C-NMR 是在 Bruker advance 300 M 光谱仪下采用重水作为溶剂测试的。图 3-13、图 3-14 和图 3-15 分别是 LANB，LLNP 和 LLTS

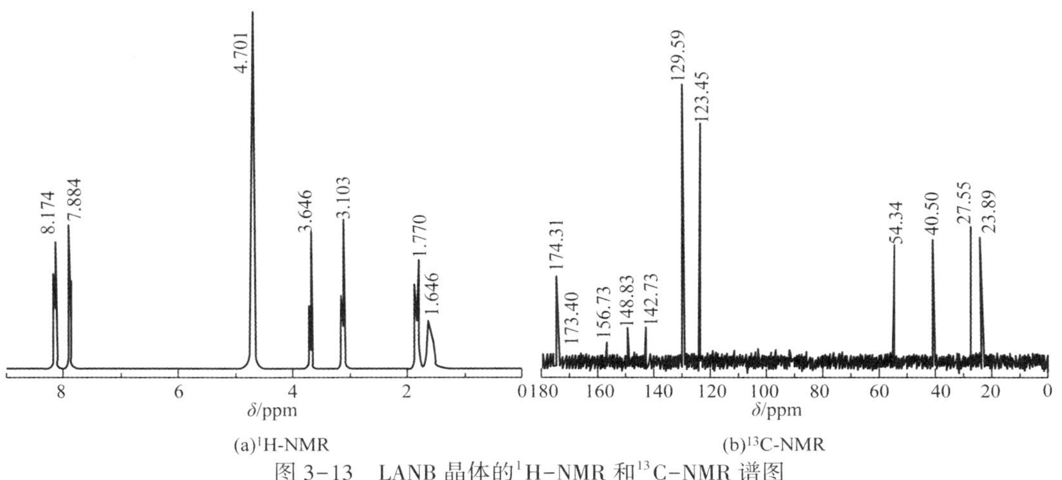

(a)^{1}H-NMR (b)^{13}C-NMR

图 3-13 LANB 晶体的^{1}H-NMR 和^{13}C-NMR 谱图

晶体的[1]H-NMR 和 ^{13}C-NMR 谱图。表 3-13 给出了几种 L-精氨酸盐晶体的中 L-精氨酸分子的[1]H-NMR 和 ^{13}C-NMR 数据，L-精氨酸分子的原子序数参见图 2-17。相比于单纯的 L-精氨酸分子，L-精氨酸盐晶体中阴离子的分子间作用促使 L-精氨酸阳离子上质子化学位移发生偏移。

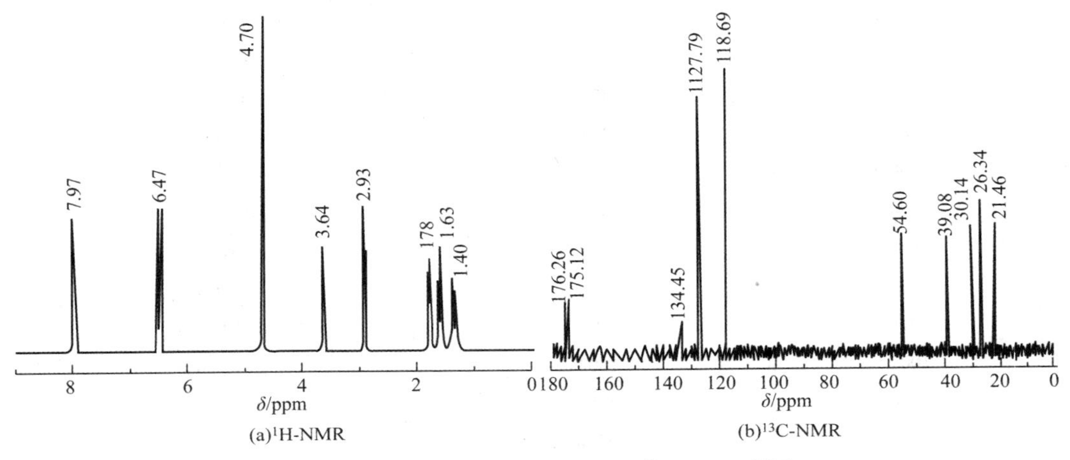

图 3-14　LLNP 晶体的 ^{1}H-NMR 和 ^{13}C-NMR 谱图

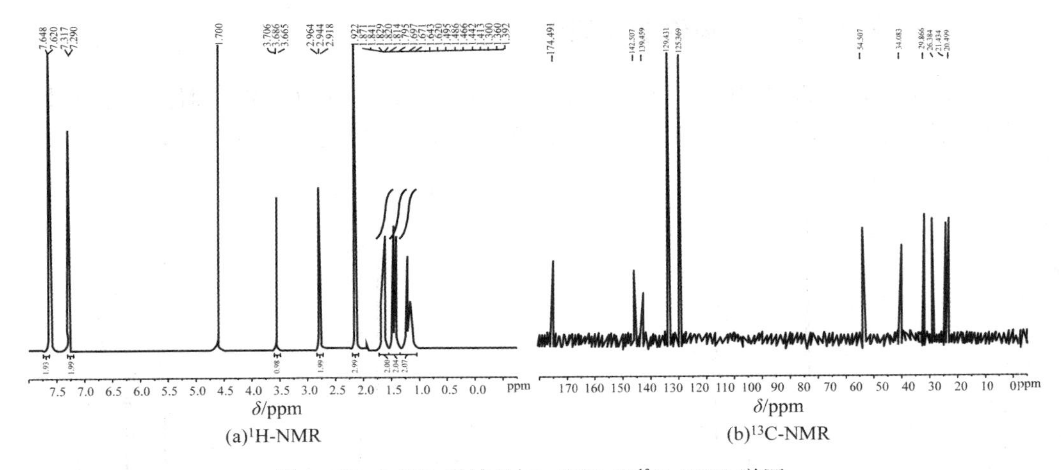

图 3-15　LANB 晶体的 ^{1}H-NMR 和 ^{13}C-NMR 谱图

LATF、LABTF 和 LANB 晶体中 L-精氨酸分子上的质子化学位移变化一致，C_2、C_3 和 C_4 上的质子化学位移向低场偏移，C_5 上的质子化学位移向高场偏移，表明这三种晶体中阴离子对 L-精氨酸分子构象的影响作用类似。

表 3-13 几种 L-精氨酸化合物中 L-精氨酸分子的^{1}H-NMR 和^{13}C-NMR 数据

	C_2—H	C_3—H	C_4—H	C_5—H	C_1	C_2	C_3	C_4	C_5	C_6
L-Arg	3. 42	1. 7	1. 64	3. 2	185. 78	58. 26	34. 28	27. 17	43. 68	159. 49
LATF	3. 634	1. 765	1. 644	3. 108	174. 36	54. 37	27. 58	23. 94	40. 39	156. 84
LABTF	4. 012	1. 919	1. 721	3. 192	171. 98	52. 68	26. 97	23. 79	40. 33	156. 83
LAP	3. 638	1. 746	1. 536	3. 083	174. 36	54. 30	27. 52	23. 86	40. 48	156. 79
LANB	3. 646	1. 77	1. 646	3. 103	174. 31	54. 34	27. 55	23. 89	40. 50	156. 73

其中，LANB 与 LATF 晶体中 L-精氨酸分子化学位移差别很小，分子构象接近，而 LABTF 晶体中 L-精氨酸分子质子化学位移除变化幅度较大之外，变化规律与其他两种一致。质子化学位移向低场偏移时，表示其电子云密度降低，分子构象趋向弯曲，因此 C_2、C_3 和 C_4 上氢原子电子云密度的降低则表示L-精氨酸近羧基端 C 链趋向弯曲，而近胍基端 C_5 上质子化学位移向高场偏移，可以反映出 L-精氨酸分子胍基端趋向伸展。

对于 LAP 晶体，化学位移向低场偏移的只有 C_2 和 C_3 上的氢原子，且 C_3 上质子化学位移相对其他晶体变化幅度偏小，表明 L-精氨酸分子羧基端的近一半 C 链与其他几种 L-精氨酸盐晶体中类似的趋向弯曲；LAP 分子中，C_4 和 C_5 上的质子化学位移均向高场偏移，表明其氢原子上电子云密度的增加，说明 L-精氨酸分子近胍基端受到了特殊影响，更加趋向伸展。LAP 晶体中影响 L-精氨酸分子胍基端的特殊作用，甚至对 C_3 上的氢原子状态也有影响。LATF、LANB 和 LAP 晶体中的 L-精氨酸分子离子态一致，因此 LAP 中 L-精氨酸分子特殊构象不是由其基团电荷引起，LAP 分子内磷酸与胍基间的特殊相互作用，可能是导致 L-精氨酸分子胍基端构象特殊变化的原因。

几种 L-精氨酸盐晶体的 C 原子化学位移都是向高场偏移，L-精氨酸分子上 C 原子周围电子云密度的增加，可能是由酸根离子与 L-精氨酸阳离子间的静电作用或氢键引起的。LATF、LAP 和 LANB 晶体的 C 原子化学位移差别不大，其中位于胍基中心的 C_6 化学环境非常稳定，因此三种晶体中 L-精氨酸分子 C 链部分构象类似。而 LABTF 晶体中 L-精氨酸分子近羧基部分 C 链的化学位移向高场偏移更大，可能是由于两个酸根离子与 α-氨基间存在更强的电子转移，致使近羧基端 C 原子周围电子屏蔽效应增强。

三种 L-赖氨酸盐晶体中 L-赖氨酸分子的^{1}H-NMR 和^{13}C-NMR 数据列于表3-14 中，L-赖氨酸分子上原子序数参见图 3-8。相对于 L-赖氨酸盐酸盐二水(LLMHCl)晶体中 L-赖氨酸分子质子化学位移，LLNP 和 LLTS 晶体中的 L-赖氨酸分子质子化学位移均向低场偏移，分子 C 链上所有氢原子的电子云密度降低，表明其构象变化趋势单一。对比 L-精氨酸分子在阴离子影响下的质子化学位移变化，胍基的存在致使链状分子两端呈现不同的变化趋势，可能是导致 L-精氨酸分子构象多变的原因。三种晶体的 C 原子化学位移没有明显差别，表明这三种酸根离子仅对 L-赖氨酸分子上氢原子化学环境有较小影响，对 C 原子性质影响微弱。

表 3-14　三种 L-赖氨酸化合物中 L-赖氨酸分子的^{1}H-NMR 和^{13}C-NMR 数据

	C_9-H	C_{10}-H	C_{11}-H	C_{12}-H	C_{13}-H	C_8	C_9	C_{10}	C_{11}	C_{12}	C_{13}
LLMHCl	3.6	1.7	1.3	1.5	2.9	174.7	54.5	26.8	21.8	29.8	39
LLNP	3.64	1.78	1.4	1.63	2.93	175.12	54.6	26.43	21.46	30.14	39.08
LLTS	3.68	1.82	1.41	1.64	2.94	174.49	54.5	26.38	21.43	29.86	39.08

2.3　热稳定性

Perkin Elmer Pyris Diamond TG/DTA 热分析仪用来研究晶体的热学稳定性，在氮气保护条件下由室温逐步升至 650℃，升温速率为 10℃ · min^{-1}，图 3-16 给出了三种晶体的热分解曲线。

从 LANB 和 LLNP 晶体的热分解曲线可以看出，含水分子的 LANB 和 LLNP

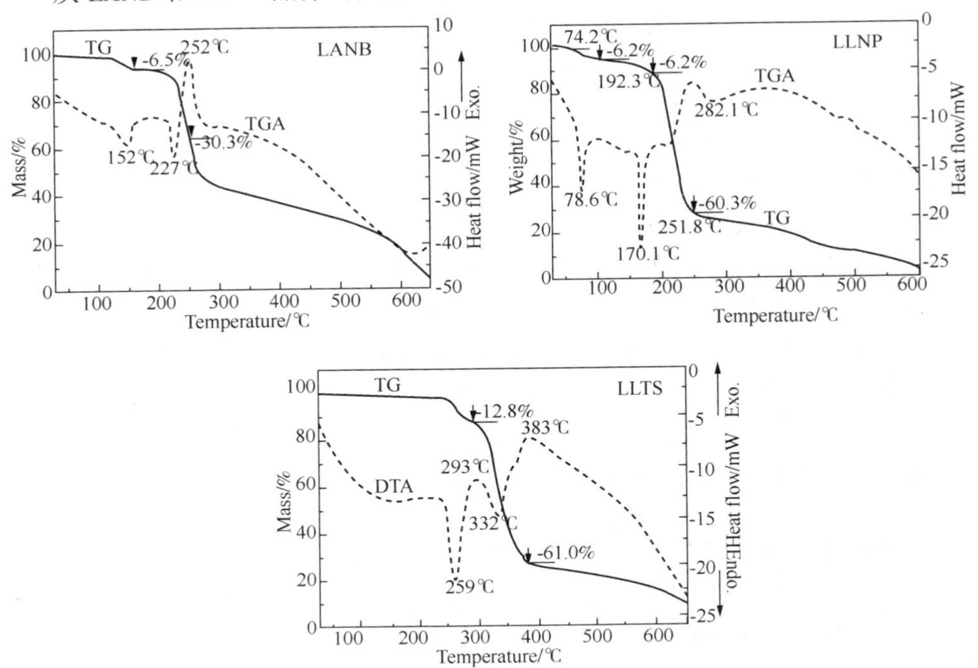

图 3-16　LANB、LLNP 和 LLTS 晶体的 TG/TGA 曲线

晶体，初期失重都为6.5%左右，该阶段的吸热峰表示晶体中结晶水的分解，同时也是晶体的熔点。LLNP晶体中结晶水结合较弱，晶体熔点为78.6℃，比LANB晶体152℃的熔点低。第二阶段晶体结构中的氨基酸分子形成肽键并释放一分子水，同时LANB晶体中的有机分子也分解并释放气体，而失去结晶水的LLNP晶体稳定了较大的温度区间，直到与LANB晶体类似的分解温度下，有机分子开始分解并释放CO_2和NO_2等气体。该阶段的吸热峰表示晶体主要三维结构破坏，放热峰表示挥发气体的释放。在250℃左右时，两种晶体的主要成分基本已经碳化，温度升到650℃时，基本完全分解。

LLTS晶体表现了优异的热稳定性，240℃晶体开始失重，12.8 %的失重源于CO_2分子的失去，该阶段259℃的强吸热峰表示晶体的熔点。293℃开始第二阶段的分解，332℃的吸热峰表示主要分子的分解，到383℃时失重61 %，LLTS主要成分基本碳化，650℃以上化合物完全分解。LLTS晶体具有比LLTF、LLHCD和LLNP晶体都高的熔点，其优良的热稳定性能归功于晶体结构中对甲苯磺酸的强阴离子连接作用以及水分子的不存在。

2.4 光学性质

晶体的透过曲线是在室温下采用Hitachi model UV 3500光谱仪，200~2500nm的透过光谱被记录，样品厚度为1 mm。L-精氨酸与L-赖氨酸化合物晶体一般具有较低的透过截止波段，而在这三种晶体中，由于芳香环上的共轭电子，吸收发生了红移。

图3-17给出了LANB和LLNP晶体的透过曲线，可以看出，LANB晶体具有较宽的透光范围，并且在430~1500nm有超过70%的透过率，LLNP晶体在480~1500nm透过波段有近82%的透过率。如图3-18(a)所示，具有良好透过率的LLTS晶体的紫外截止波段在280nm。图3-18(b)给出了LLTS晶体的吸收光谱以及Tauc曲线，根据Tauc关系，得到LLTS晶体的能带间隙为4.12eV，如此高的能带间隙在表明LLTS晶体非常好的透过性能。

LANB和LLNP晶体的二阶非线性光学效应是采用Kurtz-Perry粉末技术进行测试的。由于二阶非线性光学效应随粉末样品粒度变化，因此该技术也被用来确认材料的位相匹配能力。晶体经过研磨过筛，按粒度区间分为：20~38μm、38~48μm、48~75μm、75~109μm、109~150μm、150~250μm以及250μm以上，同样粒度的KDP晶体样品作为参比。倍频测试采用1064nm的Nd：YAG激光器，激光照射到样品上产生532nm的强烈绿光，表示晶体具有二阶倍频效应。LANB和LLNP晶体的倍频效应测试结果如图3-19所示，结果表明LANB和LLNP晶体的二阶倍频效应都约为KDP晶体的4倍，同时两种晶体都可以实现位相匹配。

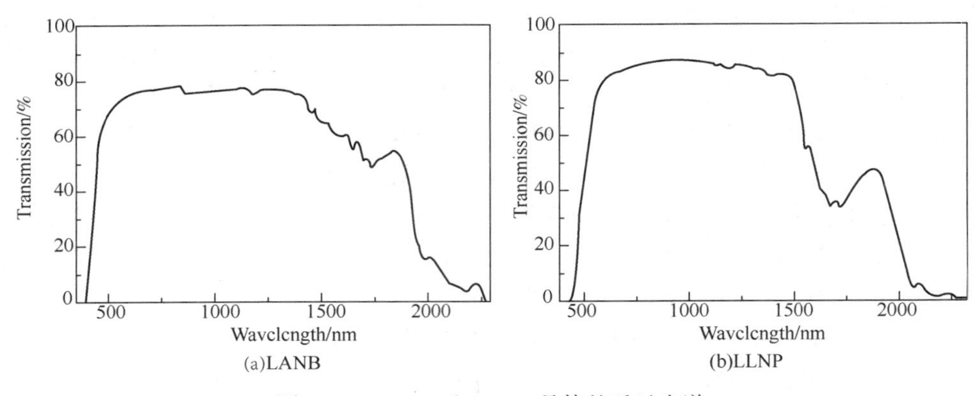

图 3-17 LANB 和 LLNP 晶体的透过光谱

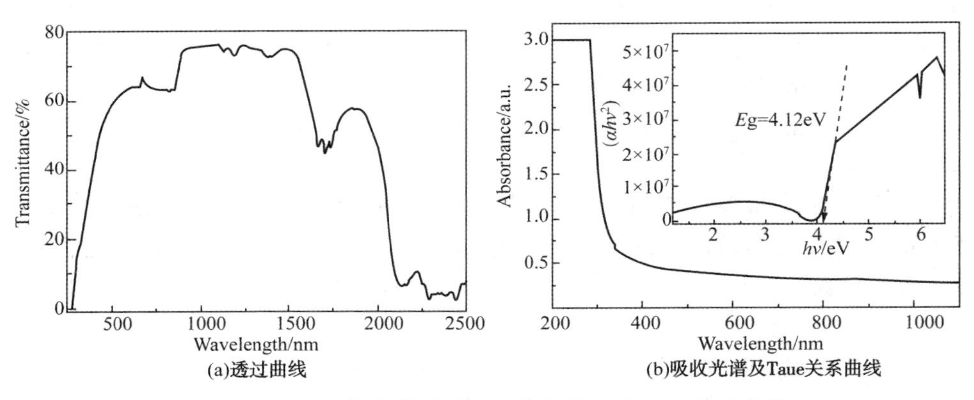

图 3-18 LLTS 晶体的透过和吸收光谱以及 Tauc 关系曲线

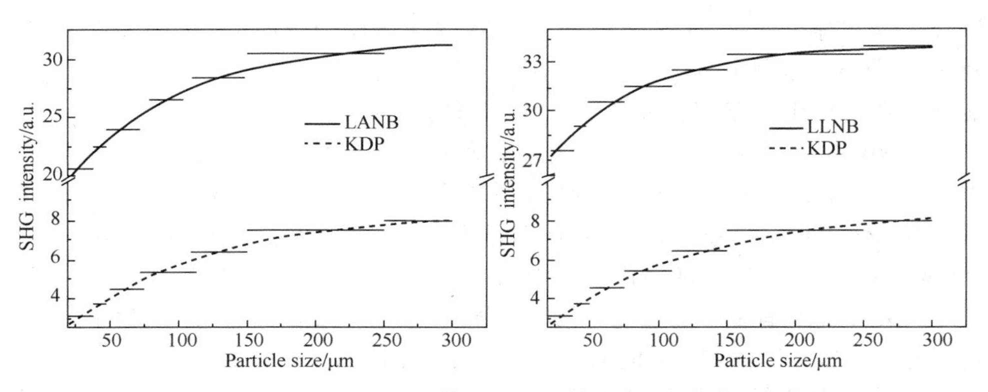

图 3-19 LANB 和 LLNP 晶体以 KDP 晶体为参比的倍频强度曲线

参考文献

[1] Xu D, Wang X Q, Yu W T, Xu S X, Zhang G H. Crystal structure and characterization of a novel organic nonlinear optical crystal: l -arginine trifluoroacetate[J]. Journal of Crystal Growth, 2003, 257(3 - 4): 432-433.

[2] Sun Z H, Zhang G H, Wang X Q, Gao Z L, Cheng X F, Zhang S J, Xu D. Growth, Morphology, Thermal, Spectral, Linear, and Nonlinear Optical Properties of l-Arginine Bis(trifluoroacetate) Crystal[J]. Crystal Growth & Design, 2009, 9(7): 3251-3259.

[3] Wang L N, Wang X Q, Zhang G H, Liu X T, Sun Z H, Sun G H, Wang L, Yu W T, Xu D. Single crystal growth, crystal structure and characterization of a novel crystal: l -arginine 4-nitrophenolate 4-nitrophenol dehydrate (LAPP)[J]. Journal of Crystal Growth, 2011, 327(1): 133-139.

[4] Sun Z H, Yu W T, Cheng X F, Wang X Q, Zhang G H, Yu G, Fan H L, Xu D. Synthesis, crystal structure and vibrational spectroscopy of a nonlinear optical crystal: l -arginine maleate dihydrate[J]. Optical Materials, 2008, 30(6): 1001-1006.

[5] Sun Z H, Sun W M, Chen C T, Zhang G H, Wang X Q, Xu D. L-arginine trifluoroacetate salt bridges in its solid state compound: the low-temperature three dimensional structural determination of L-arginine bis(trifluoroacetate) crystal and its vibrational spectral analysis[J]. Spectrochimica Acta Part A Molecular & Biomolecular Spectroscopy, 2011, 83(1): 39.

[6] Wang L N, Zhang G H, Wang X Q, Wang L, Liu X T, Jin L T, Xu D. Studies on the conformational transformations of l -arginine molecule in aqueous solution with temperature changing by circular dichroism spectroscopy and optical rotations[J]. Journal of Molecular Structure, 2012, 1026(42): 71-77.

[7] Chemla, D. S, Zyss J. Nonlinear Optical Properties of Organic Molecules and Crystals[M]. Orlando: Academic Press, 1987.

[8] Sheldrick G M. SHELXL-97: Program forcrystal structure refinement, University of Góttingen, Germany, 1997.

[9] Dean J A. Analytical chemistry handbook[M]. McGraw-Hill, 1995.

[10] Silverstein R M, Webster F M. Spectroscopicidentification of organic compounds[M]. 6th ed., New York: John Wiley & Sons, 1998.

[11] Bellamy L J. The Infrared Spectra of Complex Molecules[M]. New York: Wiley, 1975.

[12] Jose M, Uthrakumar R, Rajendran A J, Das S J. Optical and spectroscopic studies of potassium p-nitrophenolate dihydrate crystal for frequency doubling applications[J]. Spectrochimica Acta Part A Molecular & Biomolecular Spectroscopy, 2012, 86(3): 495-499.

[13] Baranska H, Labudzinska A, Terpinski J, Cook B W. Laser Raman Spectroscopy: Analytical Applications[M]. Elsevier, 1989.

[14] Zhang D L, Lan G X, Hu S F, Wang H F, Zheng J M. Raman spectra of m-nitrobenzoic acid-Diethanolamine single crystal[J]. Journal of Raman Spectroscopy, 1993, 24(11): 753-759.

[15] 刘书花，吕功煊，鲜亮．NMR 研究水溶液中 L-精氨酸与磷酸腺苷的相互作用及其构象变化[J]．分子催化，2006，19(1)：57-61.

[16] Morales M E，Santillán M B，Jáuregui E A，Ciuffo G M. Conformational behavior of L-arginine and N G-hydroxy-L-arginine substrates of the NO synthase[J]. Journal of Molecular Structure，2002，582(1 - 3)：119-128.

[17] Babu R R，Vijayan N，Gopalakrishnan R，Ramasamy P. Growth and characterization of L-lysine monohydrochloride dihydrate (L-LMHCl) single crystal[J]. Crystal Research & Technology，2010，41(4)：405-410.

[18] Sun Z H，Xu D，Wang X Q，Zhang G H，Yu G，Fan H L，Xu D. Growth and characterization of the nonlinear optical single crystal：L-Lysinium trifluoroacetate[J]. Materials Research Bulletin，2009，44(4)：925-930.

[19] Kalaiselvi D，Kumar R M，Jayavel R. Crystal growth，thermal and optical studies of semiorganic nonlinear optical material：L-lysine hydrochloride dihydrate[J]. Materials Research Bulletin，2008，43(7)：1829-1835.

[20] Hideko Koshima，Mitsuo Hamada，Ichizo Yagi A，Uosaki K. Synthesis，Structure，and Second-Harmonic Generation of Noncentrosymmetric Cocrystals of 2-Amino-5-nitropyridine with Achiral Benzenesulfonic Acids[J]. Crystal Growth & Design，2001，1(6)：467-471.

[21] Hideko Koshima，Hironori Miyamoto，Ichizo Yagi A，Uosaki K. Preparation of Cocrystals of 2-Amino-3-nitropyridine with Benzenesulfonic Acids for Second-Order Nonlinear Optical Materials[J]. Crystal Growth & Design，2004，420(1)：79-89.

[22] Bayrak C，Bayari S H. Vibrational and DFT studies of creatinine and its metal complexes[J]. Spectrum，2010，38(2)：107-118.

[23] Macicek J，Angelova O，Gencheva G，Mitewa M，Bontchevet P R. Crystallographic and IR spectral study of cis-bis(creatinine-N)dinitro platinum(Ⅱ)[J]. Journal of Crystallographic & Spectroscopic Research，1988，18(6)：651-658.

[24] Panfil A，Fiol J J，Sabat M. Complexes of Nickel(II) with creatinine：X-ray crystal structures and spectroscopic studies[J]. Journal of Inorganic Biochemistry，1995，60(2)：109 - 122.

[25] Parajon-Costa B S，Baran E J，Piro O E. Crystal structure，IR-spectrum and electrochemical behaviour of Cu(creatinine)2Cl2[J]. Polyhedron，1997，16(19)：3379-3383.

[26] Felcman，J. Study of new complexes of chromium(III)，cobalt(II)，nickel(II)，copper(II)，and zinc(II) with guanidinoacetic acid，the precursor of creatine[J]. Synthesis and Reactivity in Inorganic and Metal-Organic Chemistry，2001，31(5)：873-894.

[27] Miranda J L D，Coelho J D S，Moura L C D，Herbst M H，Horta B A C，Alencastro R B D，Albuquerque M G. Deamination process in the formation of a copper(II) complex with glutamic acid and a new ligand derived from guanidinoacetic acid：Synthesis，characterization，and molecular modeling studies[J]. Polyhedron，2008，27(11)：2386-2394.

第4章 基团间作用理论研究

1 计算理论与软件

1.1 理论基础

基团间作用的理论研究可预示体系分子的结合力，对物质的分子结构、几何排列、稳定能等各种性质有着重要意义。基团间作用研究作为一座桥梁将理论和实验连接起来，已逐渐成为化学科学研究领域中最为活跃的前沿热点之一。目前，分子间相互作用的理论研究常用的方法有：

1. 从头算

量子化学从头算法是在计算时仅使用一些最基本的物理常数(如光速、普朗克常数、电子和原子核的电荷与质量等)作为已知参数，而不引入任何经验性质的理化参数，完全利用数学工具来求解薛定愕方程，计算体系全部电子积分的一种理论方法。

分子的许多物理化学性质都与其静电势密切相关，由量子化学从头算法可以得出分子的整体能量及多种结构参数，近年来计算机技术的快速发展为从头算法的应用提供了广阔的空间。在分子间弱相互作用的研究方法中，从头计算最为普遍的有如下几种方法：

1）Hartree-Fock(HF)方法

在20世纪80年代，HF方法和半经验方法是理论研究分子间相互作用的主要方法。当时，HF方法法被广泛用于研究超分子体系的振动光谱。由于该时期计算条件的限制，HF方法对分子间弱相互作用的的研究主要集中在小分子上，如$(H_2O)_2$、$(H_2O)_3$、$(HF)_2$、$(HF)_3$、$(NH_3)_2$、$(NH_3)_3$、$H_2O\cdots NH_3$、$H_2O\cdots HF$、$HF\cdots NH_3$等中的弱相互作用的研究。研究内容主要包括分子结构优化、弱相互作用力及强度和振动光谱等方面。

2）Moller-Plesset(MP)方法

MP又称对称性匹配的微扰方法，是从头计算中较为实用的一种，常常选择Gauss电子波函数为基组组态。从现有的文献资料来看，MP方法中随着微扰展开中所取相数越多，计算所需时间越长。

该方法由于考虑了电子相关作用，可以准确地计算强度只有几个千焦的弱相互作用能。如果结合大基组，可以获得与实验结果吻合得很好的计算值。但是，MP 方法在计算时需要大量的空间和时间，若研究体系稍大，用 MP 方法来研究就显得很困难，因而仅能处理一些较小的体系。

2. 密度泛函理论(Density Functional Theory，DFT)

DFT 的理论依据是 Hohenberg-Kohn 定理，由 Hohenberg 和 Kohn 在 1964 年源于 Thomas-Fermi 模型提出的。该理论认为，基态电子能量完全可以用电子密度来描述，也就是说体系的电子密度与能量存在一一对应的关系，密度决定分子的一切性质，体系的能量是电子密度的泛涵。DFT 用电子密度取代波函数作为研究的基本量，我们知道在研究多电子体系时，用常用的波函数研究方法会产生 $3N$ (N 为电子数，每个电子包含三个空间变量)个变量，这样在计算中就会产生庞大的计算量，而应用密度泛函，只要解出三个变量的密度函数就可以了，这样就使得庞大的计算任务变得很简单。自 1970 年以来，在固体物理学的计算中 DFT 得到广泛的推崇，其最普遍的应用是通过 Kohn-Sham 提出的两个基本定理为基础的实现的。

定理一：基态系统的所有物理性质都由电子密度唯一决定，能量与电子密度为一一映射。

定理二：能量泛函 $E(\rho)$ 在多电子体系下，当粒子数密度函数 $\rho(r)$ 取极小值时，这时的能量值为基态能量。

由于考虑了电子交换相关，在通常境况下，DFT 在计算速度与 MP 相当，在精度上也可以与 HF 方法相媲美。它的突出优点是计算速度快，可以说，该方法在计算精度和计算速度之间找到了一个平衡点。所以说，最近几十年密度泛函理论成为计算化学家们最受欢迎的计算方法。

3. 蒙特卡罗(Monte Carlo，MC)

MC 方法也称统计模拟方法，是 20 世纪 40 年代中期由于科学技术的发展和电子计算机的发明，而被提出的一类基于随机取样处理物理或者数学问题的方法，它以概率论为基础。

MC 法将所求解的问题同一定的概率模型相联系，用计算机实现统计模拟或抽样，以获得问题的近似解，故又称随机抽样法或统计试验法。在多种问题的理论研究中得到广泛的应用，如模拟粒子的无规则运动、计算高维积分，求解偏微分方程等。对于强耦合的多粒子体系，难于用变量分离的方法处理，MC 方法是最好的选择。

MC 方法被用于求解多粒子的体系的薛定谔方程，包括求各种算符的平均值，称为量子蒙特卡罗方法。其特征是不在独立粒子近似的基础上再考虑电子相关作用，而是直接处理多电子体系的薛定愕方法。目前，比较成熟的量子蒙特卡罗方法有变分蒙特卡罗方法和扩散蒙特卡罗方法。

1.2 计算软件简介

1. Gaussian 软件

Gaussian 是一个功能强大的量子化学综合软件包，通常用于化学、化学工程、生物、材料、物理和其他的一些科学领域，Gaussian 软件可以预测或计算分子能量和结构、过渡态能量和结构、键和反应能量、分子轨道、原子电荷和电势、振动频率、核磁性质、极化率和超极化率、热力学性质、反应路径等。可以说，实验室能做的用 Gaussian 几乎都可以计算出来，只是因为一些理论还不够完善，模拟出来的结果有些与实际有较大差距。

因此，Gaussian 作为功能强大的工具，用于研究许多化学领域的课题，在理论水平允许的情况下，其计算值会非常接近实验值，所以其计算模拟出的一些结果通常可以用来指导实验。

Gaussview 是 Gaussian 的配套使用软件，其主要用途有两个：一是构建 Gaussian 的输入文件；二是以图的形式显示 Gaussian 计算结果。在用 Gaussview 构建输入文件时，除了自己创建以外，还可用 Gaussview 直接读入 CHEM3D，HYPERcHEM 和晶体数据等诸多格式的文件，从而使其可以与诸多图形软件连用，大大拓宽了 Gaussview 使用的范围。

2. Materials Studio 软件

Materials Studio 是由分子模拟软件界的领先者——美国 ACCELRYS 公司在 2000 年初推出的材料模拟软件。

Materials Studio 采用了大家非常熟悉的 Microsoft 标准用户界面，允许用户通过各种控制面板直接对计算参数和计算结果进行设置和分析。目前，Materials Studio 软件包括如下功能模块：Materials Visualizer、Discover、COMPASS、Amorphous Cell、Reflex、Reflex Plus、Equilibria、DMol3 和 CASTEP，本论文主要采用 CASTEP 模块。

多种先进算法的综合运用使 Material Studio 成为一个强有力的模拟工具。无论是性质预测、聚合物建模还是 X 射线衍射模拟，都可以通过一些简单易学的操作来得到切实可靠的数据。还可以使化学及材料科学的研究者们能更方便地建立三维分子模型，深入地分析有机、无机晶体、无定形材料以及聚合物，解决当今化学及材料工业中的许多重要问题。

其中，CASTEP（Cambridge Serial Total Energy Package）软件包是 Materials Studio 大型材料计算软件中的一个子模块，是由剑桥大学凝聚态理论研究组开发的一套先进的量子力学程序，可以进行化学和材料科学方面的研究。该软件基于第一性原理 DFT，采用总能量平面波赝势法，总能量包含动能、静电能和交换关联能三部分，各部分能量都可以表示成密度的函数。电子与电子相互作用的交换和相关效应可以采用局域密度近似（LDA）和广义密度近似（GGA），静电势只考虑作用在系统价电子的有效势（Ultrasoft 或 Norm-conserving），电子波函数用平面波基组扩展（基组数由 Energy cut-off 确定），电子状态方程采用数值求解，电子气的密度由分子轨道波函数构造，分子轨道波函数采用原子轨道的线性组合（LCAO）构成。计算总能量采用 SCF 迭代。

在晶体材料领域中，CASTEP 软件通过设定晶体中原子的种类和数量，可以研究材料的性质、表面和表面重构的性质、表面化学、电子结构能带及态密度、晶体的光学性质、点缺陷性质（如空位、间隙或取代掺杂）、延展缺陷（晶粒间界、位错）、体系的三维电荷密度及波函数等。

2 量子化学从头算研究

根据实验所得的 LAP 与 PBGA 晶体结构，构建相应的分子模型，采用 Gaussion09 软件从头算 HF 方法进行结构优化，并通过计算不同基团组成的电子轨道、振动光谱以及二阶非线性光学性质，研究基团间相互作用。

2.1 结构优化

1. LAP

LAP 分子由 L-精氨酸阳离子、一个磷酸根阴离子与一个水分子组成，其中 L-精氨酸氨基与胍基上带正电荷，羧基带负电荷。基于 LAP 分子组成，构建了四个分子基团计算模型，如图 4-1 所示，第一个是完整的 LAP 分子（LAP），第二个是去掉水分子之后的组合基团（LAP1），第三个是去掉磷酸基团之后的 L-精氨酸阳离子与水分子组成（LAP2），第四个是 L-精氨酸阳离子（LAP3）。

采用 HF 方法下 6-311++g（d，p）基组进行结构优化，优化后结构如图 4-2 所示。可以看出，相对于原始结构，优化后结构中的 L-精氨酸分子构象发生了明显变化，在 LAP 与 LAP1 两个含有磷酸基团的模型中，L-精氨酸分子上胍基转向与磷酸基团接近，LAP 中 L-精氨酸分子的弯曲尤其明显，胍基与羧基平面成一定夹角，水分子接近羧基位于分子另外一端；在没有水分子的LAP1中，磷酸基团存在，L-精氨酸分子构象伸展，胍基与羧基几乎位于同一平面；在LAP2和LAP3中，没有了磷酸基团，L-精氨酸分子构象弯曲，羧基与胍基相互接近，在L-精氨酸分子模型(LAP3)中尤为明显。

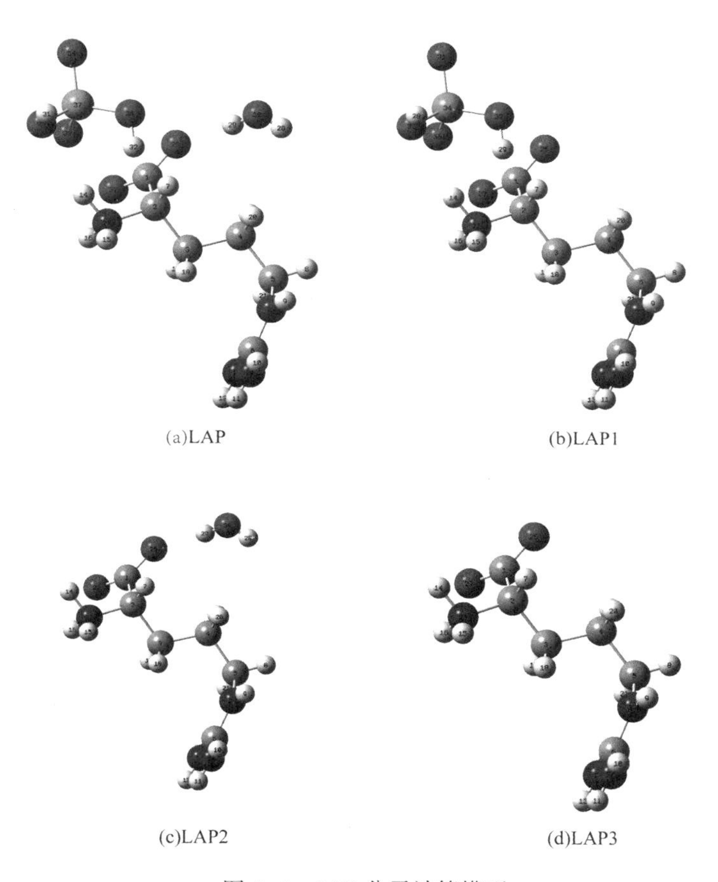

图4-1 LAP分子计算模型

表4-1列出了LAP分子模型优化前后有明显变化的键长与键角，从表中可以看出，L-精氨酸分子上$C_1—C_2$键长变长，表明羧基被拉开，距离C主链更远了，而$C_1—O_{27}$键长变短，表明羧基基团电荷分布更加集中；磷酸基团上两个P—OH键变长，两个P—O键变短，同时键角的变化也表明磷酸基团形成的PO四面体变得更加对称，是由于胍基的接近其发生了畸变。由$C_3—C_4—C_5$键角的变化可以看出，主链变得更加弯曲，这个与图中观察到的变化一致，与胍基相关的键角变化表明胍基与主链更加舒展，形成的平面更加平整。

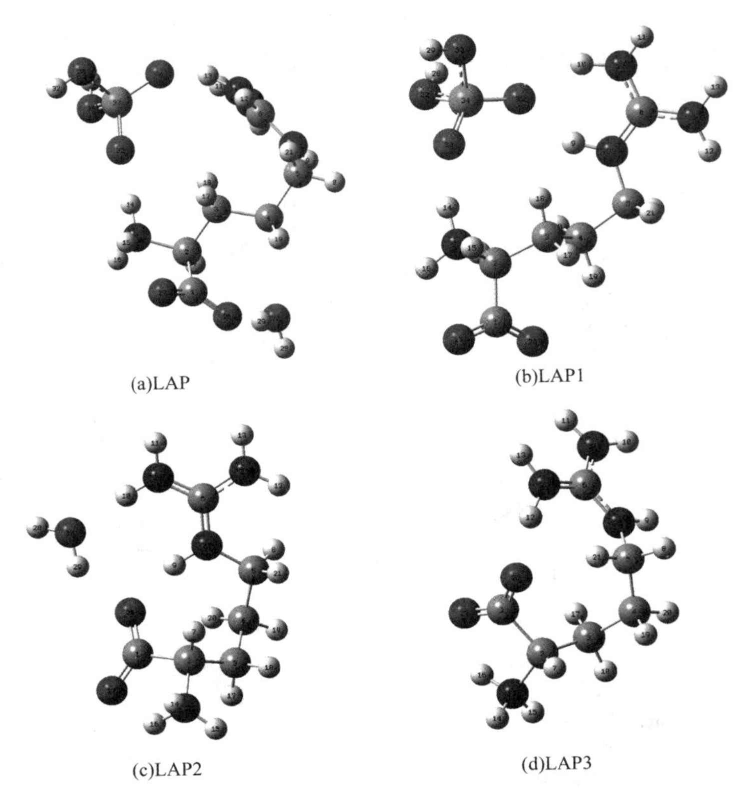

(a)LAP (b)LAP1

(c)LAP2 (d)LAP3

图 4-2 LAP 分子优化后结构模型

表 4-1 LAP 分子优化前后部分键长与键角

键长/Å			键角/(°)		
原结构		HF/6-311+(d, p)	原结构		HF/6-311+(d, p)
C1-C2	1.53333	1.55564	C3-C4-C5	122.28271	113.76710
C1-O27	1.25581	1.22430	C5-N23-C6	121.59245	126.64237
P37-O33	1.49960	1.48094	C4-C5-N23	111.67290	113.35826
P37-O36	1.56063	1.59745	N23-C6-N24	121.8239	119.81272
P37-O34	1.49292	1.48574	N23-C6-N25	121.74093	122.45722
P37-O35	1.58448	1.59895	O34-P37-O35	117.30712	109.33869
			O33-P37-O36	111.10814	109.66444

2. PBGA

PBGA 分子由两个胍基乙酸与一个磷酸根阴离子组成，其中两个胍基乙酸解离形式不同，一个的羧基完全失去质子形成 COO—，另一个羧基没有失去质子。因此，我们构建了四个分子基团计算模型，如图 4-3 所示，第一个是完整的 PBGA 分子(PBGA)，第二个是去掉磷酸基团之后剩余的两个乙酸胍基团(BGA)，第三个是 PBGA 去掉带电乙酸胍基团的结构(PGA1)，第四个是去掉不带电的乙酸胍基团的结构(PGA2)。

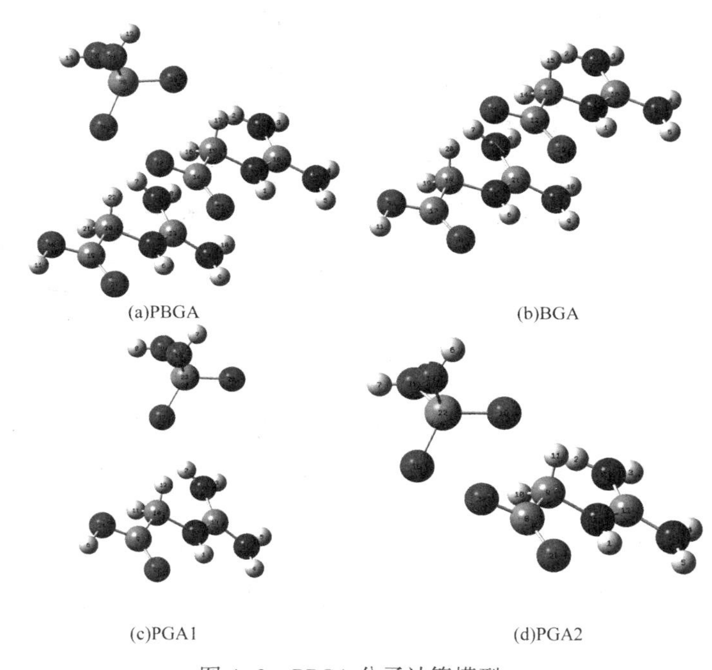

图 4-3 PBGA 分子计算模型

采用 HF 方法下 6-311++g(d, p)基组进行结构优化，优化后结构如图 4-4 所示。可以看出，相对于原始结构，H_2PO_4基团的存在与否决定了乙酸胍分子构象的变化。在 H_2PO_4基团不存在的 BGA 模型中，两个乙酸胍分子优化前后没有明显的构象变化。在存在 H_2PO_4基团的 PBGA、PGA1 和 PGA2 模型中，乙酸胍的分子构象以及其与磷酸基团的相互位置都发生了明显变化。

在 PBGA 分子模型中，对比优化前结构，原本头尾相连且相互平行的两个乙酸胍分子变成了相互交叉，主要的变化发生在带电乙酸胍分子基团，分子取向变为与不带电乙酸胍分子取向垂直，其胍基一端接近磷酸基团，使原本位于不同取向的磷酸与乙酸胍分子，变成了两个乙酸胍分子对磷酸基团形成包围。在 PGA1 与 PGA2 中，由于磷酸基团作用，乙酸胍分子的取向也发生了明显变化，最为明显的是在 PGA2 分子模型中，带电的乙酸胍分子取向发生扭转，胍基与磷酸基团接近，形成明显的相互作用形式。

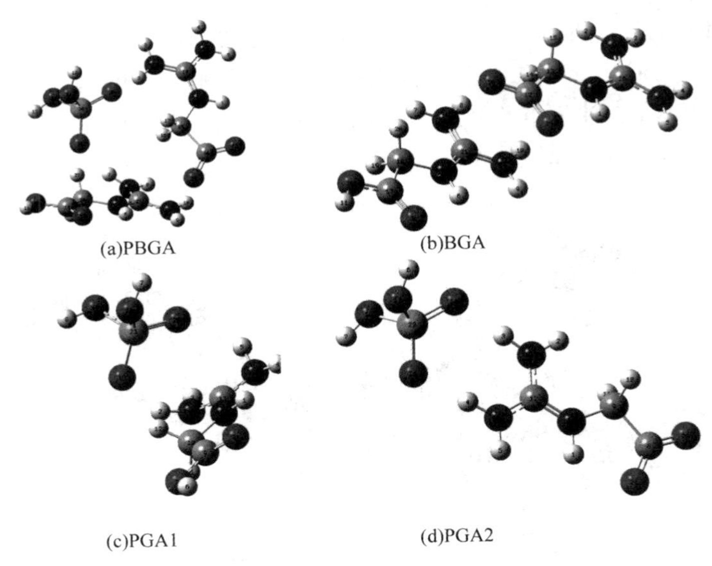

图 4-4　PBGA 分子优化后结构模型

表 4-2 列出了 PBGA 分子模型优化前后有明显变化的键长与键角，从表中可以看出，发生取向变化的带电乙酸胍分子上连接胍基与羧基的 C_{14}—C_{15} 键长明显变长，表明羧基与胍基被拉开，胍基端两个 C—N 键一个变长一个减小，表明取向的变化使得胍基上电子的分布更加得不均匀。不带电的乙酸胍分子上主要是羧基上有氢原子的 C—OH 键变长，没有氢原子的 C—O 键减小。磷酸基团键长与键角的变化主要表现在 P—O 键更短，P—OH 键变更长，且有氢原子的一边夹角增大，没有氢原子的两个 P—O 键夹角减小，整体表现为 PO 四面体发生了对称性的畸变。

表 4-2　PBGA 分子优化前后部分键长与键角

键长/Å			键角/(°)		
原结构		HF/6-311+(d, p)	原结构		HF/6-311+(d, p)
C14-C15	1.52433	1.54332	O30-P38-O33	116.08073	121.47567
C18-N25	1.33215	1.31544	O31-P38-O32	106.16861	103.74254
C18-N26	1.31792	1.35361	O36-C19-O37	125.29743	123.73364
C19-O36	1.27118	1.31686	O36-C19-C20	114.09773	111.59603
C19-O37	1.22113	1.18491	O37-C19-C20	120.60480	124.66930
P38-O30	1.49827	1.47903	O34-C14-O35	125.87637	129.78423
P38-O31	1.57534	1.60584	O35-C14-C15	120.17682	116.81966
P38-O32	1.57074	1.60373			
P38-O33	1.50423	1.47969			

明显的键角变化主要发生在羧基端，不带电的乙酸胍羧基上O—C—O夹角变大，带电的乙酸胍羧基上O—C—O夹角变小。羧基与碳链夹角大部分变小，但碳链夹角没有明显变化，表明分子羧基与主链有一定弯曲，但对分子整体构象没有太大影响。

2.2 前线轨道理论

1952年，福井谦一提出了前线轨道理论，用以讨论分子的化学活性和分子间的相互作用等，前线轨道分为最高占据分子轨道(Highest Occupied Molecular Orbital，HOMO)和最低未占分子轨道(Lowest Unoccupied Molecular Orbital，LUMO)。在分子中，HOMO上的电子能量最高，所受束缚最小，所以最活泼，容易变动；而LUMO在所有的未占轨道中能量最低，最容易接受电子，这两个轨道决定着分子的电子得失和转移能力，两者之间的能量差称为“能带隙”，这个能量差即称为HOMO-LUMO能级。

因此，通过计算不同基团组合模型，分析其HOMO—LUMO能级变化，可以研究基团间电子转移情况，从而讨论基团间相互作用现象与机制。

1. LAP

采用HF方法下6-311++g(d，p)基组对根据LAP晶体结构数据建立的四个模型(LAP、LAP1、LAP2和LAP3)进行了分子轨道计算。

LAP与LAP1的前线分子轨道结果如图4-5所示，可以看出，在LAP与LAP1分子中，LUMO轨道主要是由胍基上三个N原子sp2形成π键轨道组成，HOMO轨道是来自于磷酸根基团中P原子sp3杂化后P—O形成的三个σ键轨道以及一个O原子的p轨道组成。因此，在LAP与LAP1中最容易发生电子转移的部位是磷酸根与胍基，再次证明了LAP分子中磷酸与胍基间特殊相互作用的存在。

LAP分子轨道计算结果显示其LUMO能级为-1.258eV，HOMO能级为-8.499eV，能级差为7.241eV，去掉水分子后的LAP1分子的LUMO能级为-1.206eV，HOMO能级为-8.502eV，能级差为7.296eV。结合轨道分布，可以看出两者的分子轨道没有太大的差异，表明水分子的失去对其分子轨道影响不大。

LAP2与LAP3的前线分子轨道计算结果如图4-6所示，可以看出，在LAP2与LAP3中，LUMO轨道的主要贡献还是来自于胍基上的N，但与LAP和LAP1不同的是，胍基结合了氨基以及β—C形成了更加离散的LUMO轨道，相较于LAP和LAP1的LUMO轨道能级也有减小，表明其接受电子的能力更强。在LAP2和LAP3中，HOMO轨道是由羧基上两个O原子的p轨道组成的。因此，在LAP2与LAP3中容易发生电子转移的部位是羧基与胍基，羧基与胍基的相互

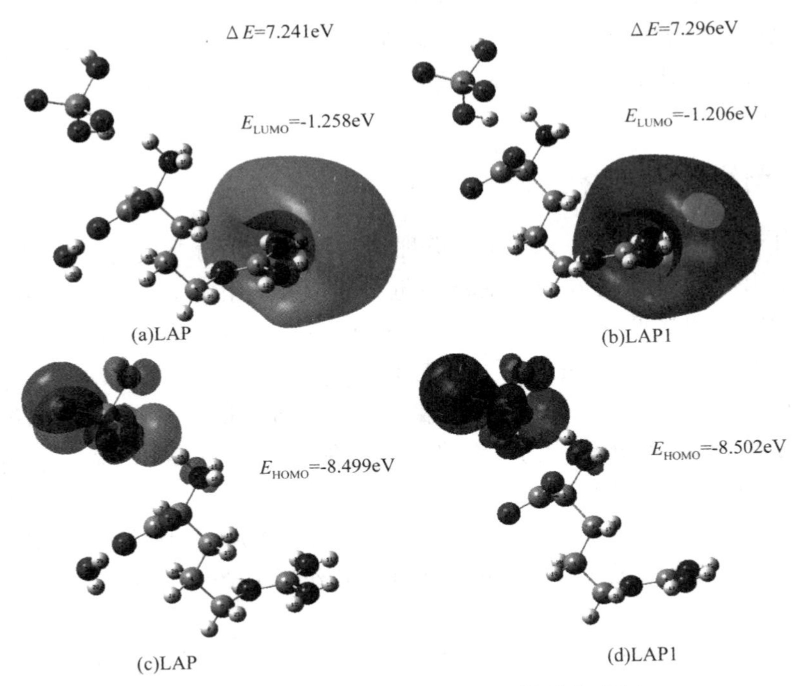

图 4-5　LAP 与 LAP1 的分子轨道示意图

吸引，也是导致在分子优化时，LAP2 与 LAP3 中 L-精氨酸分子更加弯曲。

LAP2 分子轨道计算结果显示：其 LUMO 能级为-2.971eV，HOMO 能级为-12.530eV，能级差为 9.559eV；LAP3 分子的 LUMO 能级为-2.910eV，HOMO 能级为-12.107eV，能级差为 9.197eV（表 4-3）。与 LAP 和 LAP1 相比，失去了磷酸基团后，LUMO 能级下降，表明分子更易接受电子，但同时 HOMO 能级也降低，更不容易放出电子，且能极差增大，说明分子内发生电子转移更加困难，分子基团更加稳定。由此可以证明磷酸基团存在有利于 LAP 分子内磷酸与胍基间发生电子转移，水分子对基团稳定性的影响较弱。

表 4-3　LAP 分子模型轨道能级（单位：eV）

	E_{LUMO}	E_{HOMO}	ΔE
LAP	-1.258	-8.499	7.241
LAP1	-1.206	-8.502	7.296
LAP2	-2.971	-12.530	9.560
LAP3	-2.910	-12.107	9.196

2. PBGA

采用 HF 方法下 6-311++g(d, p)基组对根据 PBGA 晶体结构数据建立的四

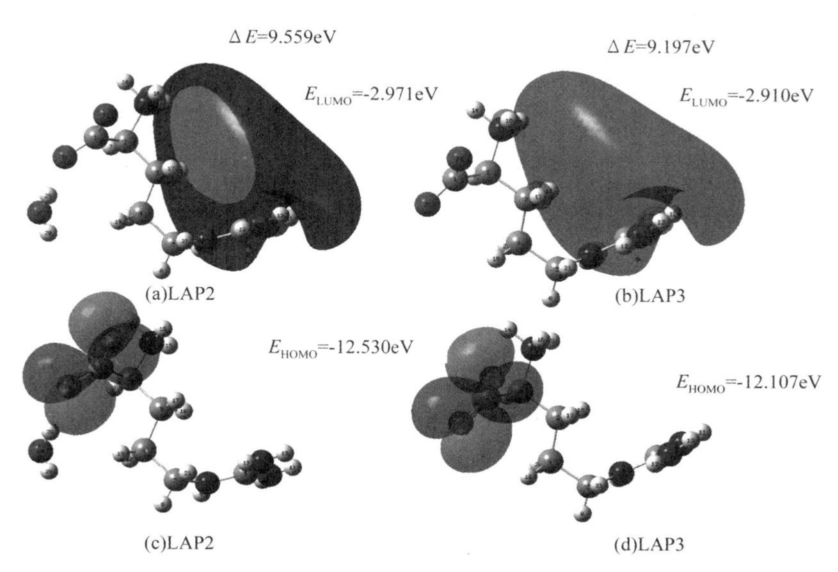

图 4-6 LAP2 与 LAP3 的分子轨道示意图

个模型(PBGA、PGA1、PGA2 和 BGA)进行了分子轨道计算。

PBGA 的前线分子轨道结果如图 4-7 所示，可以看出，LUMO 轨道主要是由胍基上 N 原子 sp2 杂化形成 π 键轨道组成，能级为-0.341eV，HOMO 轨道是由带电乙酸胍分子羧基上两个 O 原子的 p 轨道贡献的，能级为-8.998eV，能级差为 8.657eV。因此，在 PBGA 中最容易发生电子转移的部位是羧基与胍基，磷酸基团对前线分子轨道没有明显贡献。

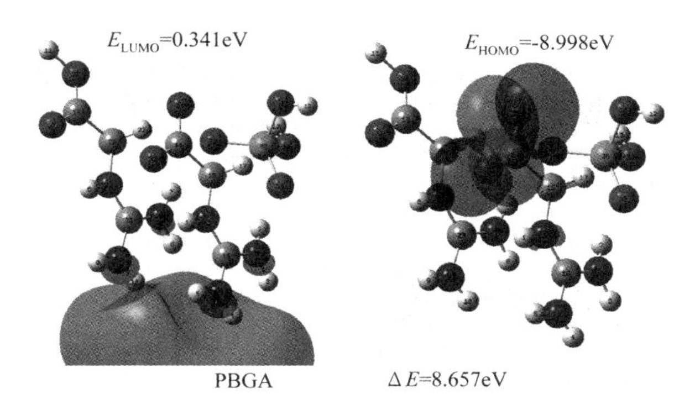

图 4-7 PBGA 分子轨道示意图

去掉带电乙酸胍的 PGA1 分子前线分子轨道结果如图 4-8 所示，可以看出，LUMO 轨道依然是由胍基上 N 原子 sp2 杂化形成 π 键轨道组成，能级为

0.253eV，而 HOMO 轨道变成了由磷酸根基团中 P 原子 sp3 杂化后 P—O 形成的三个 σ 键轨道以及一个 O 原子的 p 轨道组成，与 LAP 分子 HOMO 轨道类似，能级为-9.471eV。因此，在 PGA1 中最容易发生电子转移的部位是磷酸基团与胍基，但能级差由 PBGA 的 8.657eV 增大到了 9.724eV，电子转移的可能性降低，分子的稳定性增强了。

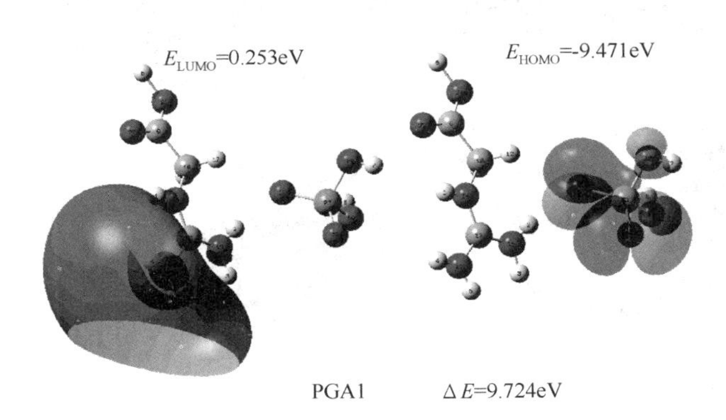

图 4-8　PGA1 分子轨道示意图

PGA2 分子是去掉不带电乙酸胍，由带电乙酸胍与磷酸基团组成的，其前线分子轨道分析结果如图 4-9 所示，可以看出，LUMO 轨道依然是由胍基上 N 原子 sp2 杂化形成 π 键轨道组成，能级为 2.107eV，相对于 PGA1 的 LUMO 能级增大了，其接受电子能力变弱，而 HOMO 轨道又变回到羧基上两个 O 原子的 p 轨道

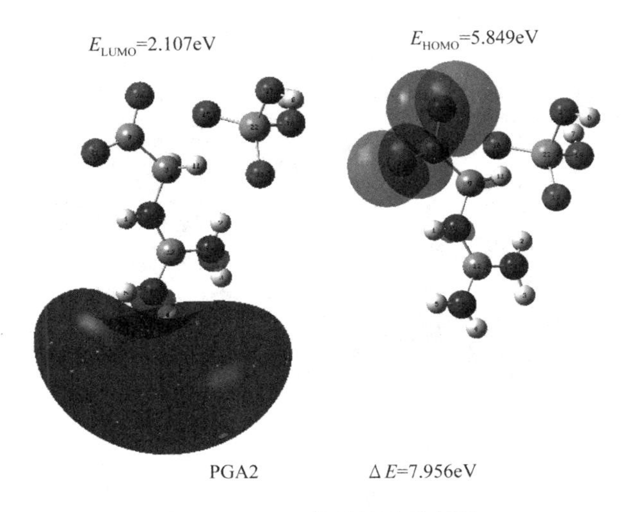

图 4-9　PGA2 分子轨道示意图

贡献，与 PBGA 分子 HOMO 轨道类似，能级为-5.849eV，相对于 PBGA 和 PGA1 明显增大，表明其更容易失去电子。在 PGA2 中容易发生电子转移的部位是羧基与胍基，且能级差减小到了 7.956eV，电子转移的可能性升高，分子的稳定性降低。

当去掉 PBGA 分子中的磷酸基团后，两个乙酸胍分子组合成为 BGA 分子，其前线分子轨道分析结果如图 4-10 所示，可以看出，LUMO 轨道的组成与 PBGA 分子类似，是由两个乙酸胍分子上胍基 N 原子 sp2 杂化形成 π 键轨道组成，能级为-2.993eV，相对于 PBGA 的 LUMO 能级降低了很多，表明其接受电子能力增强，而 HOMO 轨道依然是由带电乙酸胍分子羧基上两个 O 原子的 p 轨道贡献的，能级降低为-12.055eV，失电子能力降低，能级差为 9.062eV，与 PBGA 分子差别不大(表 4-4)。

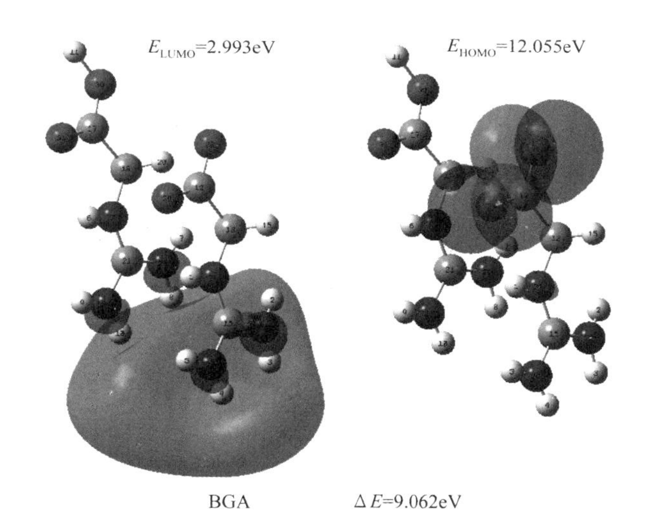

图 4-10　BGA 分子轨道示意图

表 4-4　PBGA 分子模型轨道能级(单位：eV)

	E_{LUMO}	E_{HOMO}	ΔE
PBGA	-0.341	-8.998	8.657
PGA1	0.253	-9.471	9.724
PGA2	2.107	-5.849	7.956
BGA	-2.993	-12.055	9.063

根据以上分析，可以看出磷酸基团能够明显影响 PBGA 中胍基主要贡献的 LUMO 能级，表明两者之间有一定的相关性。但 PBGA 分子的稳定性主要依赖带电乙酸胍分子，其加入能够提高分子活性，对分子轨道影响较大，而磷酸基团对

轨道能级差影响不明显。

2.3 理论振动光谱

分子振动光谱是研究分子结构和分子内、分子间相互作用能的重要手段。分子振动光谱的谱带位置、强度以及光谱形状等都同分子内部的化学结构、空间几何结构、分子力场和电子云的分布情况等内部性质密切相关。物质的红外光谱是其分子结构的反映，谱图中的吸收峰与分子中各基团的振动形式相对应。而拉曼谱线的数目、位移的大小、谱线的长度直接与分子振动或转动能级有关。因此，通过研究红外吸收与拉曼光谱，可以得到有关分子振动或转动的信息。

当分子之间，基团之间具有相互作用时，一些部位的基团振动受到影响，使其红外吸收峰频率或者拉曼谱峰发生位移。

1. LAP

结构优化后的 LAP 分子模型（LAP、LAP1、LAP2 和 LAP3）如图 4-2 所示，采用 HF 方法下 6-311++g(d，p)基组计算了优化后分子结构的振动频率，获得了其振动光谱，如图 4-11 所示，并对其中主要的振动频率进行了归属，列于表 4-5 中。

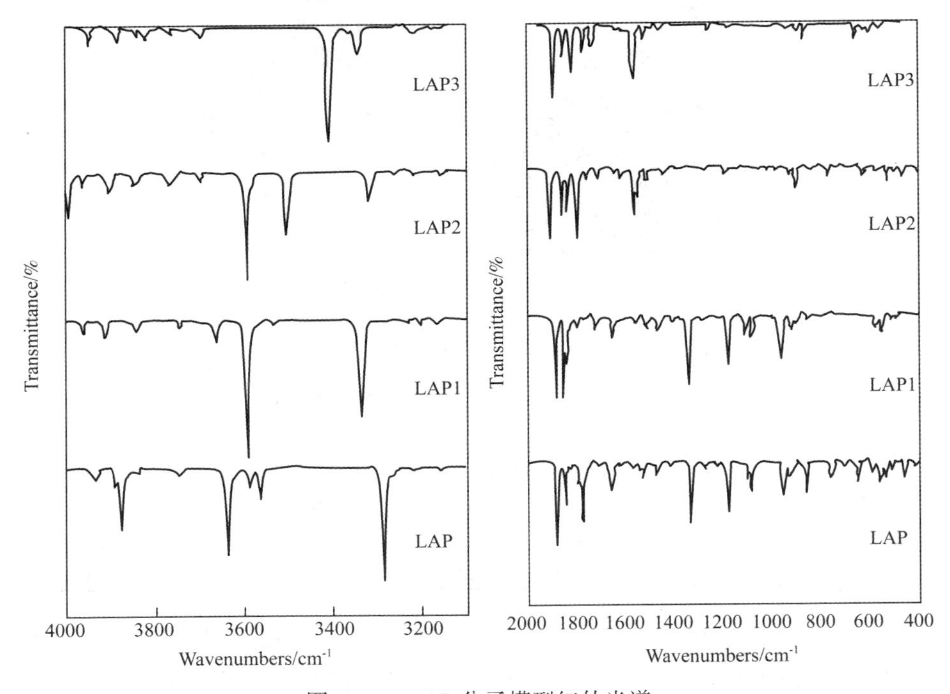

图 4-11　LAP 分子模型红外光谱

表 4-5 LAP 分子模型红外光谱数据及振动归属

LAP	LAP1	LAP2	LAP3	Assignments
3934w,3889w,3840vw,3562m	3960vw,3914w,3838vw,3537vw	3962w,3898w,3837vw,3502s	3946w,3878w,3837vw,3407vs	ν_{as} (N—H of Guanidine group)
3635vs	3592vs	3591vs	3821w	ν_s(N—H of Guanidine group)
3746vw,3586w,3286vs	3743vw,3661w,3336vs	3760vw,3696vw,3316m	3761vw,3695vw,3343m	ν_{as}(N—H of NH_3)
3874s		3994s		ν(O—H of H_2O)
3265vw,3255vw,3237vw	3278vw,3212vw,3204vw	3261vw,3218vw,3202vw,	3364vw,3213vw,3206vw,	ν(C—H)
1882vs	1887vs	1910s	1897s	ν_{as}(COO^-)
1849m,1847vw	1855s,1843m	1860s,1839m	1857m,1823s	ρ(N—H of Guanidine group)
1777s,1718vw	1794w,1728w	1799s,1718vw	1773m,1733w	ν_{as}(N—C—N)
1829vw,1791vw,1664m	1828vw,1775vw,1654w	1812vw,1799s,1566m	1811vw,1758vw,1566s	ω(N—H of NH_3)
1626vw,1577vw,1536w,1513vw	1641vw,1564vw,1524vw,1514w	1646vw,1605vw,1542vw,1515w	1632vw,1576vw,1536vw,1523w	ρ(C—H) ω(C—H)
1339s,964m	1345s,966m			ν_{as}(P—O)
1109w,1088m	1114w,1090w			ρ(O—H of H_2PO_4)
1191s,929w	1186s,925w			ν_s(P—O)
1788vw,467w		1757vw,476w		ρ(O—H of H_2O)

注：vs—very strong 极强；s—strong 强；m—medium 中；w—weak 弱；vw—very weak 极弱；ν_s—symmetric stretching 对称伸缩；ν_{as}—asymmetric stretching 不对称伸缩；ρ—rocking 面内摇摆振动；ω—wagging 面外摇摆振动。

在含有水分子的 LAP 与 LAP2 中，水的 O—H 伸缩振动分别出现在 $3874cm^{-1}$ 与 $3994cm^{-1}$处，表明磷酸根的失去，使水分子的振动情况发生了变化。所有分子模型中 L-精氨酸 C 链上的 C—H 伸缩振动出现在 $3200 \sim 3300cm^{-1}$左右，但强度较弱，没有明显的强度变化和偏移。

胍基上 N—H 非对称伸缩振动产生的吸收峰在 LAP 中位于 $3934\mathrm{cm}^{-1}$、$3889\mathrm{cm}^{-1}$、$3840\mathrm{cm}^{-1}$ 和 $3562\mathrm{cm}^{-1}$，在 LAP1 中位于 $3960\mathrm{cm}^{-1}$、$3914\mathrm{cm}^{-1}$、$3838\mathrm{cm}^{-1}$和 $3537\mathrm{cm}^{-1}$，其强度都较弱，而在 LAP2 与 LAP3 中吸收峰强度增大，且有一定偏移，在 LAP2 中位于 $3962\mathrm{cm}^{-1}$、$3898\mathrm{cm}^{-1}$、$3837\mathrm{cm}^{-1}$和 $3502\mathrm{cm}^{-1}$，在 LAP3 中位于 $3946\mathrm{cm}^{-1}$、$3878\mathrm{cm}^{-1}$、$3837\mathrm{cm}^{-1}$ 和 $3407\mathrm{cm}^{-1}$，其中 $3502\mathrm{cm}^{-1}$ 与 $3407\mathrm{cm}^{-1}$强度非常高，可以看出磷酸基团的失去使胍基上的 N—H 非对称伸缩振动向低波数偏移，且强度增强，表明磷酸基团对胍基上 N—H 键具有吸电子作用。胍基上 N-H 对称伸缩振动产生的吸收峰在 LAP、LAP1、LAP2 和 LAP3 中分别位于 $3635\mathrm{cm}^{-1}$、$3592\mathrm{cm}^{-1}$、$3591\mathrm{cm}^{-1}$和 $3821\mathrm{cm}^{-1}$。

氨基上 N—H 伸缩振动吸收在 LAP 中位于 $3746\mathrm{cm}^{-1}$、$3586\mathrm{cm}^{-1}$和 $3286\mathrm{cm}^{-1}$，在 LAP1 中位于 $3743\mathrm{cm}^{-1}$、$3661\mathrm{cm}^{-1}$和 $3336\mathrm{cm}^{-1}$，其中 $3286\mathrm{cm}^{-1}$与 $3336\mathrm{cm}^{-1}$强度非常高，而在 LAP2 与 LAP3 中吸收峰强度降低，且向高波数有一定偏移，在 LAP2 中位于 $3760\mathrm{cm}^{-1}$、$3696\mathrm{cm}^{-1}$ 和 $3316\mathrm{cm}^{-1}$，在 LAP3 中位于 $3761\mathrm{cm}^{-1}$、$3695\mathrm{cm}^{-1}$ 和 $3343\mathrm{cm}^{-1}$，表明磷酸基团对氨基上 N—H 键具有给电子作用。$1900\mathrm{cm}^{-1}$左右出现的强吸收峰是来自羧基上的 C ═O 伸缩振动，对比可以看出，磷酸基团的失去使其向高波数发生了偏移，表明两个基团间有一定作用。

胍基上的 N-H 摇摆振动在 $1850\mathrm{cm}^{-1}$左右产生了两个较强的吸收峰，随着水分子与磷酸基团的失去，其宽度逐渐增大，表明产生两个吸收峰的振动分别具有的给电子与吸电子性质。随后胍基上 N—C—N 伸缩振动产生的强吸收峰在 LAP、LAP1、LAP2 和 LAP3 中分别位于 $1777\mathrm{cm}^{-1}$、$1794\mathrm{cm}^{-1}$、$1799\mathrm{cm}^{-1}$和 $1773\mathrm{cm}^{-1}$，对比可以看出，水分子的失去降低了其吸收强度，特别是存在磷酸基团时，变化最为明显。LAP 和 LAP1 氨基上 N—H 的摇摆振动吸收出现在 $1660\mathrm{cm}^{-1}$，其强度较弱，而在 LAP2 和 LAP3 中，其强度增强且向低波数偏移，出现在 $1560\mathrm{cm}^{-1}$左右，表明磷酸基团对氨基上 N—H 键伸缩与变形的影响不同。磷酸基团产生的振动吸收位于 $900\sim1400\mathrm{cm}^{-1}$，对比 LAP 与 LAP1 的红外谱图，水分子对磷酸基团的振动没有明显影响。

图 4-12 给出了 LAP 分子四个模型计算所得的拉曼光谱，可以看出在 $3100\sim4000\mathrm{cm}^{-1}$，拉曼响应强度较为明显，其谱峰与红外吸收峰一一对应，由于对称伸缩振动具有更好的拉曼活性，非对称伸缩振动的红外响应更明显，因而拉曼光谱的强度与红外有很大差别。在 $400\sim2000\mathrm{cm}^{-1}$，拉曼谱峰的强度非常弱，主要拉曼频率的归属列于表 4-6 中。

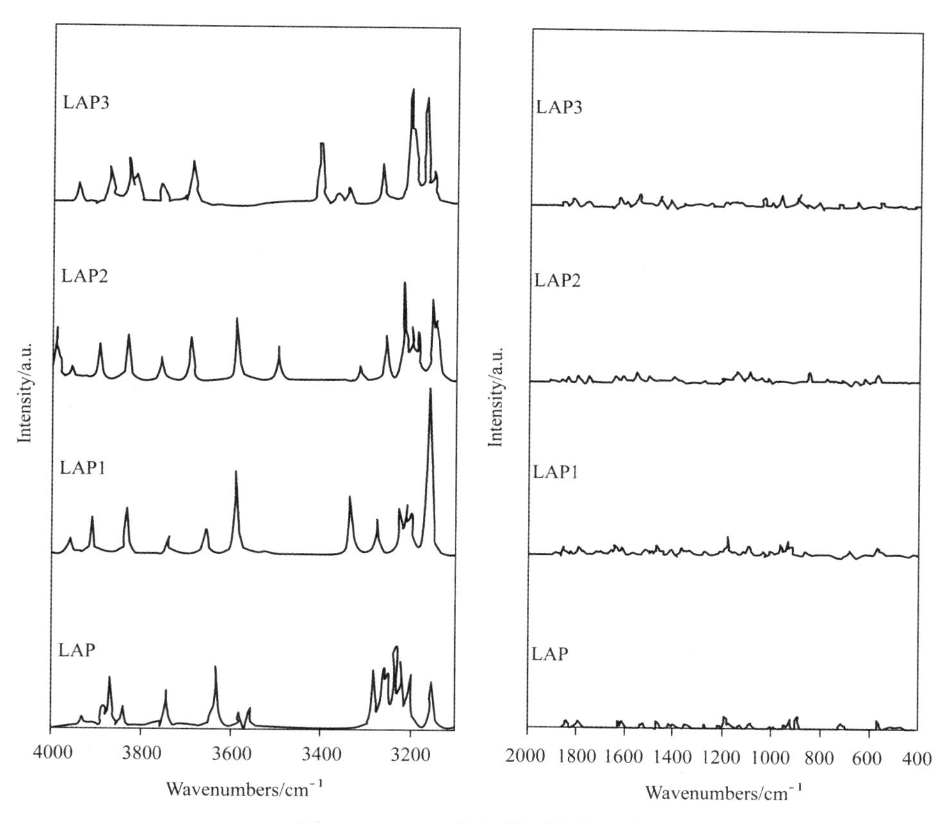

图 4-12 LAP 分子模型拉曼光谱

表 4-6 LAP 分子模型拉曼光谱数据及振动归属

LAP	LAP1	LAP2	LAP3	Assignments
3934w, 3889m, 3840m, 3635vs, 3562m	3960w, 3914m, 3838m, 3592s, 3537vw	3962w, 3898m, 3837m, 3591s, 3502m	3946w, 3878m, 3837m, 3821m, 3407s	ν (N—H of Guanidine group)
3746m, 3586w, 3286s	3743w, 3661w, 3336s	3760m, 3696m, 3316w	3761w, 3695m, 3343w	ν(N—H of NH_3)
3874s		3994s		ν(O—H of H_2O)
3265m, 3262m, 3255m, 3237vs, 3222s, 3205m, 3157m	3278m, 3226m, 3212m, 3204m, 3174w, 3164vs, 3262w	3261w, 3259m, 3218vs, 3202m, 3190m, 3157s, 3149m	3364w, 3270m, 3213m, 3206vs, 3199m, 3172vs, 3155m	ν(C—H)

注：vs—very strong 极强；s—strong 强；m—medium 中；w—weak 弱；vw—very weak 极弱；ν—stretching 伸缩振动。

2. PBGA

结构优化后的 PBGA 分子模型(PBGA、PGA1、PGA2 和 BGA)如图 4-4 所示，采用 HF 方法下 6-311++g(d, p)基组计算了优化后分子结构的振动频率，获得了其振动光谱，如图 4-13 所示，并对其中主要的振动频率进行了归属，列于表 4-7 中。

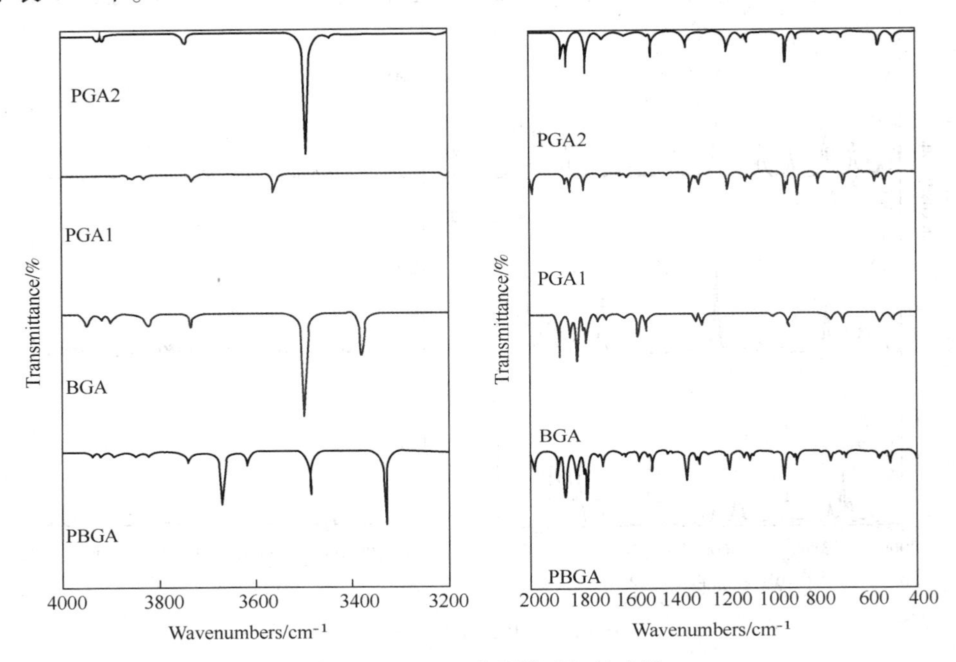

图 4-13 PBGA 分子模型红外光谱

表 4-7 PBGA 分子模型红外光谱数据及振动归属

PBGA	PGA1	PGA2	BGA	Assignments
3895vw, 3850vw, 3742m, 3616m, 3485s, 3328vs,	3860vw, 3850vw, 3830w, 3559m	3746w, 3442vw	3825w, 3734m, 3378vs	ν_{as}(N—H)
3821vw, 3671vs	3730w	3494vs	3832vw, 3820w, 3498vs	ν_{s}(N—H)
3278vw, 3259vw, 3213vw, 3206vw,	3258vw, 3204vw	3222vw, 3179vw	3255vs, 3235vs, 3204vs, 3193vs	ν(C—H)
1990m	1995m	1872s	2011m, 1832vw	ν_{as}(COO—)

续表

PBGA	PGA1	PGA2	BGA	Assignments
1896m，1868m，1863s，1825w，1817s，1522vw，1502m	1862w，1841m，1512vw，532m	1866vw，1853s，1526vw，	1885vs，1871vw，1839s，1816s，1527m，1520w	ρ(N—H)
1788m，1774vs，1730vw，1709m	1784m，1715vw	1777vs，1704w	1788m，1775s，1726w，1691w	ν_{as}(N—C—N)
1096vw，1083vw	1089w	1080vw	1090vw，1072vw	ν_s(N—C—N)
1358s，955s	1340m，948m	1358m，942s		ν_{as}(P—O)
1184m，916w	1185m，894s	1190m，896vw		ν_s(P—O)
1122w，1100w	1112w，1096vw	1123w，1104w		ρ(O—H)
564w，553w，506vw	561vw，553vw，501vw	560w，556w，497vw		δ(P—O)
802vw，800vw		803vw	801vw，795vw	δ(C—N)
697w，653vw		663vw	705w，665vw	ω(C—H)

注：vs—very strong 极强；s—strong 强；m—medium 中；w—weak 弱；vw—very weak 极弱；ν_s—symmetric stretching 对称伸缩；ν_{as}—asymmetric stretching 不对称伸缩；ρ—rocking 面内摇摆振动；δ—deformation 变形振动；ω—wagging 面外摇摆振动。

在 PBGA 中，N—H 非对称伸缩振动产生的吸收峰位于 3938cm^{-1}、3922cm^{-1}、3895cm^{-1}、3850cm^{-1}、3742cm^{-1}、3616cm^{-1}、3485cm^{-1}和 3328cm^{-1}，N—H 对称伸缩振动位于 3821cm^{-1}和 3671cm^{-1}。C—H 伸缩振动出现在 3200~3300cm^{-1}左右，强度很弱，。较为明显的吸收峰出现在 1788cm^{-1}、1774cm^{-1}、1730cm^{-1}和 1709cm^{-1}，它们来自胍基中 C—N 的不对称伸缩振动，C—N 的对称伸缩振动也在 1096cm^{-1}和 1083cm^{-1}产生了较弱的吸收。N-H 面内摇摆振动在 1502~1896cm^{-1}间产生了多个吸收峰，其中 1863cm^{-1}与 1817cm^{-1}具有比较明显的强度，C—H 的摇摆振动在 1370~1630cm^{-1}之间产生了多个强度很弱的吸收峰，P—O 的不对称伸缩振动在 1358cm^{-1}和 955cm^{-1}产生了较强的吸收，其对称伸缩振动吸收峰较弱，出现在 1184cm^{-1}和 916cm^{-1}，P—O 的变形振动还在 500~560cm^{-1}间产生了三个吸收峰。

在 PGA1 中，N—H 非对称伸缩振动产生的吸收峰位于 3860cm^{-1}、3850cm^{-1}、3830cm^{-1}和 3559cm^{-1}，N—H 对称伸缩振动位于 3730cm^{-1}。PGA2 中，N—H 非对称伸缩振动产生的吸收峰位于 3941cm^{-1}、3926cm^{-1}、3746cm^{-1}和 3442cm^{-1}，N—H 对称伸缩振动位于 3494cm^{-1}。可以看出，两者综合起来基本可以与 PBGA 中振动吸收峰相互对应，区别在于 PGA1 中不带电的乙酸胍，其产生的 N—H 伸缩振

动吸收峰范围较窄，PGA2 中带电乙酸胍上 N—H 伸缩振动吸收峰分布较宽，其中的非对称伸缩吸收峰强度都很弱，唯有对称伸缩吸收强度较高，同时还可以看出，相对于 PBGA 中的 N—H 对称伸缩吸收峰，两个模型中的峰位都向低波数发生了偏移，表明乙酸胍基团间存在相互的吸电子作用。

BGA 中 N—H 非对称伸缩振动产生的吸收峰位于 3952cm^{-1}、3947cm^{-1}、3918cm^{-1}、3900cm^{-1}、3825cm^{-1}、3734cm^{-1}和 3378cm^{-1}，N—H 对称伸缩振动位于 3832cm^{-1}、3820cm^{-1}和 3498cm^{-1}。对比 PBGA，可以看出，吸收峰整体向高波数发生了偏移，尤其是强峰 3328cm^{-1}偏移到了 3378cm^{-1}，且出现在 3671cm^{-1}和 3616cm^{-1}的吸收峰也减弱，偏移到了更高波数，表明磷酸基团对胍基上 N—H 键具有强烈的吸电子作用。

所有分子模型中 C—H 伸缩振动出现在 3200～3300cm^{-1}左右，且强度很弱。PBGA 中 1990cm^{-1}出现的强吸收峰是来自 COO—的非对称伸缩，在 PGA1、PGA2 和 BGA 中分别出现在 1995cm^{-1}、1872cm^{-1}和 2011cm^{-1}，表明磷酸对羧基具有吸电子作用，而不带电乙酸胍对带电乙酸胍上羧基具有给电子作用。

PBGA 中出现在 1788cm^{-1}和 1774cm^{-1}处较为明显的吸收峰，来自胍基中 C—N 的不对称伸缩振动，其在 PGA1 和 PGA2 中分别出现在 1784cm^{-1}和 1777cm^{-1}，而在 BGA 中出现在 1788cm^{-1}和 1775cm^{-1}。所有分子模型中的 C—N 的对称伸缩吸收也基本出现在 1090cm^{-1}和 1080cm^{-1}左右，并且强度很弱，因此，可以表明胍基 N—C—N 主结构上的电子状态没有被磷酸根及乙酸胍基团对胍基的电子作用影响。

PBGA 分子上 N—H 面内摇摆振动在 1817～1896cm^{-1}间产生了多个吸收峰，其中 1863cm^{-1}与 1817cm^{-1}具有比较明显的强度，PGA1 中的 N—H 面内摇摆振动吸收峰主要出现在 1862cm^{-1}和 1841cm^{-1}，在 PGA2 中位于 1866cm^{-1}和 1853cm^{-1}，可以看出磷酸根与单独的乙酸胍基团结合时，谱峰分布宽度变窄，高波数向低波数偏移，低波数向高波数偏移，而在 BGA 中，当失去磷酸基团，N—H 面内摇摆振动出现在 1885cm^{-1}、1871cm^{-1}、1839cm^{-1}和 1816cm^{-1}，与 PBGA 相比，吸收峰的分布差别不大，表明两个乙酸胍基团之间存在给-吸电子相互作用。

P—O 的不对称伸缩振动在 PBGA 中位于 1358cm^{-1}和 955cm^{-1}，其对称伸缩振动在 1184cm^{-1}和 916cm^{-1}出现了较弱的吸收峰，在 PGA1 中 1340cm^{-1}和 948cm^{-1}是来自 P—O 的不对称伸缩振动，1185cm^{-1}和 894cm^{-1}是对称伸缩振动吸收峰，在 PGA2 中，P—O 的不对称伸缩振动在 1358cm^{-1}和 942cm^{-1}，其对称伸缩振动吸收峰出现在 1190cm^{-1}和 896cm^{-1}，可以看出，不带电的乙酸胍基团参与时，P—O 伸缩振动产生的吸收峰位于较高波数，表明不带电乙酸胍对 P—O 具有给电子作用，而带电乙酸胍对磷酸根基团振动情况影响较弱。除此之外，含有磷酸根的三个分子模型中 P—O 的变形振动产生了三个吸收峰，位于 500～560cm^{-1}间，其差别不大。

图 4-14 给出了 PBGA 分子四个模型计算所得的拉曼光谱，在 3100～4000cm^{-1}，拉曼响应强度较为明显，其谱峰与红外吸收峰一一对应。在 400～2000cm^{-1}，拉曼谱峰的强度较弱，拉曼位移的变化与红外光谱相同，部分拉曼位移归属列于表 4-8 中。

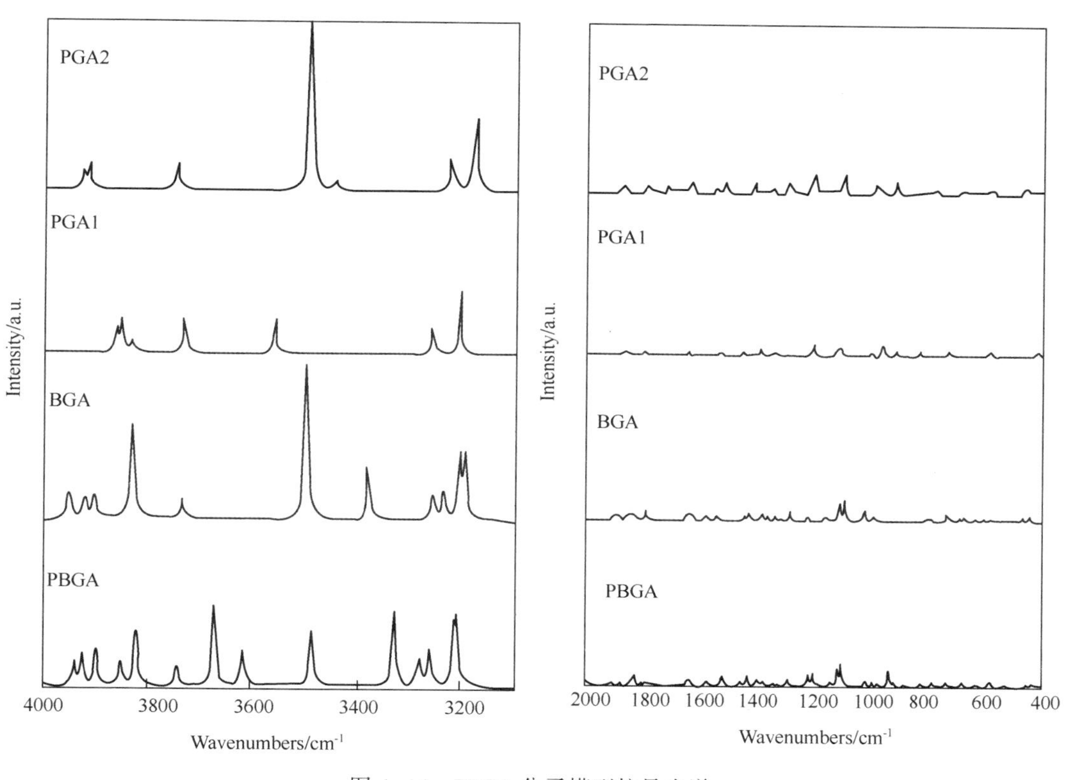

图 4-14 PBGA 分子模型拉曼光谱

表 4-8 PBGA 分子模型拉曼光谱数据及振动归属

PBGA	PGA1	PGA2	BGA	Assignments
3938m，3922m，3895m，3850m，3742w，3616m，3485s，3328vs	3860w，3850m，3830w，3559m	3926m，3914m，3746m，3442vw	3952m，3947w，3918m，3900m，3825m，3734m，3378s	ν_{as}(N—H)
3821s，3671vs	3730m	3494vs	3832vs，3820w，3498vs	ν_s(N—H)

续表

PBGA	PGA1	PGA2	BGA	Assignments
3278m，3259m，3213m，3206s	3258m，3204s	3222m，3179s	3255m，3235m，3204s，3193s	ν(C—H)
		1499vw		ν_{as}(COO—)
1096w，1083w	1089vw	1080w	1090w，1072w	ν_s(COO—)
1184vw	1185w	1190w		ν_s(P—O)
			1005w，970w	ν(C—C)

注：vs—very strong 极强；s—strong 强；m—medium 中；w—weak 弱；vw—very weak 极弱；ν_s—symmetric stretching 对称伸缩；ν_{as}—asymmetric stretching 不对称伸缩。

对比 PBGA 和 BGA 谱图，可以看出，磷酸根基团使 N—H 伸缩振动产生的拉曼位移向低波数偏移，而使 C—H 伸缩振动产生的拉曼位移向高波数偏移，对比 PGA1、PGA2 与 BGA 谱图，可以发现当两各乙酸胍基团结合时，N—H 与 C—H伸缩振动产生的拉曼位移也发生同样的偏移，结合 PGA1 中出现在 $3559cm^{-1}$的 N—H 伸缩振动在其他三个分子模型中都向低波数发生了偏移，出现在 $3400cm^{-1}$左右，结合红外光谱分子结果，表明磷酸根与带电乙酸胍对 N—H 键具有吸电子作用，对 C—H 键具有给电子作用。

2.4　二阶非线性光学性质

当分子呈电中性时，但由于空间构型不同，正负电荷中心可能完全重合，也可能不完全重合，正负电荷中心完全重合的分子称为非极性分子，正负电荷中心不完全重合的分子称为极性分子，分子极性大小用偶极矩 μ 来度量。

无论把极性分子还是非极性分子置于外加电场中，分子都将沿电场方向偏转，同时还会发生电子云相对于分子骨架的移动和分子骨架的变形，且会产生一个与电场方向反向的诱导偶极矩 μ_i，这一效应称为分子的诱导极化。诱导极化的程度用极化强度 P 来度量，在线性光学的范畴内，极化强度 P 与光电场 E 的关系为：

$$P = \varepsilon_0 x E \tag{4-1}$$

即极化强度与电场强度成简单的正比关系。而对于非线性光学过程，必须考虑光电场的高次幂对极化强度 P 的影响。极化强度 P 与入射光电场 E 的关系可采用下面的级数形式表示：

$$P = \alpha E + \beta E^2 + \gamma E^3 + \cdots \tag{4-2}$$

或

$$P = x^{(1)} E + x^{(2)} E^2 + x^{(3)} E^3 + \cdots \tag{4-3}$$

其中，α 和 $x^{(1)}$、β 和 $x^{(2)}$、γ和 $x^{(3)}$ 分别是微观(α、β、γ)和宏观[$x^{(n)}$]的线性、

二阶非线性和三阶非线性极化系数。在均匀的弱外电场中，分子的能量 E 对场强 F 进行泰勒级数展开：

$$E(F)=E_0-\mu_iF_i-(1/2!)\alpha_{ij}F_iF_j+(1/3!)\beta_{ijk}F_iF_jF_k+\cdots \quad (4-4)$$

其中，μ_i、α_{ij}和β_{ijk}分别是偶极矩、极化率和一阶超极化率张量的分量。其中，偶极矩是一阶张量，含有三个分量。

分子的总偶极矩定义为：

$$\mu_{tot}=\sqrt{\mu_x^2+\mu_y^2+\mu_z^2} \quad (4-5)$$

极化率是二阶张量，含有六个分量。平均极化率定义为：

$$\alpha=(\alpha_{xx}+\alpha_{yy}+\alpha_{zz})/3 \quad (4-6)$$

Gaussian 软件计算出极化率单位是 a. u，需将单位换算为 esu，单位换算公式为：$1\text{a. u}=0.1482\times10^{-24}\text{esu}$。

分子一阶超极化率是三阶张量，考虑克莱门对称后有十个独立的分量。平均一阶超极化率被定义为：

$$\beta_{tot}=\sqrt{\beta_x+\beta_y+\beta_z} \quad (4-7)$$

因此

$$\beta_i=\beta_{iii}+\frac{1}{3}\sum_{i\neq j}(\beta_{ijj}+\beta_{jij}+\beta_{jji})(i,\ j=x,\ y,\ z) \quad (4-8)$$

其中，β_{tot}为二阶非线性光学极化率总的有效值，非线性极化率的大小反映了介质对光场非线性响应的强弱，非线性极化是光波场与介质相互作用结果的宏观表现。

由于分子的构象，基团的振动，电子云的分布等对于一阶超极化率的重要影响，因此通过计算分子基团不同组合模型的偶极矩，极化率以及一阶超极化率，讨论基团间相互作用的现象。

1. LAP

采用 HF 方法下 6-311++g(d, p) 基组，计算了 LAP 分子不同基团组合(图 4-1,LAP、LAP1、LAP2 和 LAP3)的二阶非线性光学性质。

表 4-9 给出了四个 LAP 分子模型的偶极矩μ及其分量μ_i，其中 LAP、LAP1、LAP2 和 LAP3 的偶极矩分别为 44. 30555Debye、43. 24920Debye、23. 47395Debye 和 21. 2486 Debye，可以看出，当失去水分子时，LAP 的偶极矩由 44. 30555 Debye 下降到 LAP1 的 43. 24920 Debye，差别很小，对比 LAP2 与 LAP3，水分子的失去降低了μ_x和μ_z，提高了μ_y，总体上使 L-精氨酸分子的偶极矩略有降低，与 LAP 到 LAP1 失去水分子的影响一致。

表 4-9　LAP 分子模型偶极矩 μ（单位：Debye）

	μ_x	μ_y	μ_z	μ_{tot}
LAP	-40. 60066	-17. 28323	-3. 98221	44. 30555
LAP1	-39. 31296	-17. 84233	2. 57610	43. 24920
LAP2	21. 68183	-6. 17171	6. 54481	23. 47395
LAP3	18. 70253	9. 229014	-4. 067406	21. 2486

对比 LAP 与 LAP2 的偶极矩及其分量，可以看出，磷酸根基团的缺失，使 LAP 分子的 μ_x 与 μ_y 降低了很多，虽然 μ_z 有所增大，但总偶极矩减小了 20 Debye 左右，LAP1 到 LAP3 失去磷酸根与 LAP1 到 LAP2 的变化规律一致。结合水分子的影响，表明在 LAP 分子偶极矩性质上，磷酸根与水分子对 μ_x 影响一致，对 μ_y 和 μ_z 作用相反，且磷酸根为主要影响基团。

对比四个分子模型偶极矩分量的大小，可以发现，当 LAP 失去磷酸根到 LAP2 时，其 μ_x 和 μ_z 的极性发生了反转，当 LAP1 到 LAP3 时，μ_x、μ_y 和 μ_z 的极性都发生了反转，表明当磷酸根存在时，水分子对 μ_y 的极性有一定增强作用，失去水分子后，L-精氨酸分子的偶极性大小与方向受到磷酸根基团很大影响。

表 4-10 给出了四个 LAP 分子模型的极化率 α 及其分量 α_{ij}，其中 LAP、LAP1、LAP2 和 LAP3 的平均极化率分别为 187. 1857esu、178. 9804esu、135. 7518esu 和 127. 5517 $\times 10^{-25}$ esu，随着水分子与磷酸根基团的失去，平均极化率不断的降低，通过比较可以得出，水分子的失去每次都是降低平均极化率约 8. 2$\times 10^{-25}$ esu，磷酸根的失去也是每阶段会降低约 51. 4$\times 10^{-25}$ esu，表明在对 LAP 分子平均极化率的贡献上，水分子与磷酸根基团相互间几乎没有影响。

表 4-10　LAP 分子模型的极化率 α（单位：10^{-25} esu）

	LAP	LAP1	LAP2	LAP3
α_{xx}	203. 00700	195. 77680	150. 10170	140. 92900
α_{xy}	15. 06707	12. 70614	-6. 82903	8. 30863
α_{yy}	185. 35310	172. 07970	140. 19940	129. 58040
α_{xz}	-1. 34180	-7. 44099	5. 06586	-0. 30389
α_{yz}	-6. 26875	-7. 79380	-1. 23786	6. 29956
α_{zz}	173. 19710	169. 08480	116. 95420	112. 14560
α	187. 1857	178. 9804	135. 7518	127. 5517

将 LAP 到 LAP1（Ⅰ阶段）与 LAP2 到 LAP3（Ⅱ阶段）分为两个阶段，分析对比水分子对极化率分量的影响，可以看出，失去水分子使 α_{xx} 在Ⅰ阶段降低 7. 2$\times 10^{-25}$ esu，在Ⅱ阶段降低 9. 2$\times 10^{-25}$ esu；使 α_{yy} 在Ⅰ阶段降低 13. 3$\times 10^{-25}$ esu，在Ⅱ阶段降低 10. 6$\times 10^{-25}$ esu；使 α_{zz} 在Ⅰ阶段降低 4. 1$\times 10^{-25}$ esu，在Ⅱ阶段降低 4. 8$\times$

10^{-25} esu，可以表明，水分子对极化率分量的影响力 $\alpha_{yy}>\alpha_{xx}>\alpha_{zz}$。

将 LAP 到 LAP2(Ⅰ阶段)与 LAP1 到 LAP3(Ⅱ阶段)分为两个阶段，分析对比磷酸根对极化率分量的影响，可以看出，失去磷酸根基团使 α_{xx} 在Ⅰ阶段降低 52.9×10^{-25} esu，在Ⅱ阶段降低 54.9×10^{-25} esu；使 α_{yy} 在Ⅰ阶段降低 45.2×10^{-25} esu，使 α_{yy} 在Ⅱ阶段降低 42.5×10^{-25} esu；使 α_{zz} 在Ⅰ阶段降低 56.2×10^{-25} esu，使 α_{zz} 在Ⅱ阶段降低 56.9×10^{-25} esu，可以看出，磷酸根基团对极化率分量的影响力与水分子相反 $\alpha_{yy}<\alpha_{xx}<\alpha_{zz}$。

表 4-11 给出了四个 LAP 分子模型的一阶超极化率 β 及其分量 β_{ijk}，其中 LAP，一阶超极化率为 4.39236×10^{-30} esu，同等条件下计算得到的尿素分子一阶超极化率为 0.74051×10^{-30} esu，可以表明 LAP 分子二阶非线性光学系数约为尿素分子的 5.9 倍。

表 4-11 LAP 分子模型的一阶超极化率 β（单位：10^{-30} esu）

	LAP	LAP1	LAP2	LAP3
β_{xxx}	2.92246	2.81981	-1.17680	-0.85177
β_{xxy}	0.97222	0.80776	0.55087	-0.33441
β_{xyy}	0.68985	0.28989	-0.59364	-0.32544
β_{yyy}	0.69693	0.37442	0.47907	-0.70706
β_{xxz}	-0.21141	-0.53133	0.18153	-0.29170
β_{xyz}	-0.37575	-0.40594	-0.10393	-0.40991
β_{yyz}	-0.47425	0.03040	-0.37095	-0.19741
β_{xzz}	0.20492	0.55622	0.15898	-0.18464
β_{yzz}	0.50071	0.81005	-0.22810	0.05530
β_{zzz}	0.57036	-0.27015	-0.29102	0.70198
β_{tot}	4.39236	4.24294	1.86294	1.69484

由表中可以看出，LAP1、LAP2 和 LAP3 的一阶超极化率分别为 4.24294esu、1.86294esu 和 1.69484×10^{-30} esu，随着水分子与磷酸根基团的失去，一阶超极化率不断的降低，通过分析可以得到，水分子的失去在Ⅰ阶段(LAP 到 LAP1)降低的一阶超极化率为 0.149×10^{-30} esu，在Ⅱ阶段(LAP2 到 LAP3)降低 0.168×10^{-30} esu，磷酸根的失去在Ⅰ阶段(LAP 到 LAP2)降低的一阶超极化率为 2.529×10^{-30} esu，在Ⅱ阶段(LAP1 到 LAP3)降低 2.548×10^{-30} esu，可以看出，在分子模型中，当磷酸根存在时，水分子的影响比磷酸根不存在时弱；当水分子存在时，磷酸根的影响也是比水分子不存在时弱，表明在对一阶超极化率的贡献上，水分子与磷酸根基团相互间会有抵消，降低整体贡献。

2. PBGA

PBGA 分子的不同基团组合(图 4-3，PBGA、PGA1、PGA2 和 BGA)的二阶非线性光学性质，也是采用 HF 方法下 6-311++g(d，p)基组进行了计算。

表 4-12 给出了四个 PBGA 分子模型的偶极矩 μ 及其分量 μ_i，其中 PBGA、PGA1、PGA2 和 BGA 的偶极矩分别为 17.73873Debye、13.04663Debye、17.38061Debye 和 20.60445Debye，可以看出，当失去带电乙酸胍时，PBGA 的偶极矩由 17.73873 Debye 下降到 PGA1 的 13.04663 Debye，当失去不带电乙酸胍时，下降到 PGA2 的 17.38061 Debye，变化很小，对比 PGA1 与 PGA2，表明带电乙酸胍对偶极矩具有更强的作用，对比 PBGA 与 BGA，失去磷酸根偶极矩反而增大了，表明在 PBGA 中磷酸根与乙酸胍有较强的电子相互作用，能够降低其电荷不均匀性，同时表明 PBGA 偶极矩的主要贡献来自乙酸胍分子。

表 4-12　PBGA 分子模型偶极矩 μ（单位：Debye）

	μ_x	μ_y	μ_z	μ_{tot}
PBGA	0.45830	12.03952	-13.01932	17.73873
PGA1	12.56962	2.79350	-2.10130	13.04663
PGA2	6.19491	-15.87172	-3.43471	17.38061
BGA	12.99282	-15.72082	-2.930104	20.60445

对比四个分子模型偶极矩分量的大小，可以发现，相对于 PBGA，其他三个分子模型的 μ_x 都是增大的，且 BGA>PGA1>PGA2，表明磷酸根与带电乙酸胍对 μ_x 的贡献大于不带电的乙酸胍分子；失去不带电乙酸胍和磷酸根的 PGA2 和 BGA 时，μ_y 的极性发生了反转，绝对值均增大，表明不带电乙酸胍和磷酸根对乙酸胍分子偶极矩的大小和方向有很大影响；失去部分基团分子模型的 μ_z 大小差别不大，均远小于 PBGA，表明所有分子基团对 μ_z 都具有贡献。

表 4-13 给出了 PBGA 相关四个分子模型的极化率 α 及其分量 α_{ij}，其中 PBGA、PGA1、PGA2 和 BGA 的平均极化率分别为 206.809esu、126.7175esu、129.7342esu 和 158.6608×10^{-25} esu。可以看出，当 PBGA 失去分子基团时，平均极化率均减小，PGA1、PGA2 和 BGA 分别减小了 80.0915esu、77.0748esu 和 48.1482×10^{-25} esu，表明两种乙酸胍基团对平均极化率的影响相当，而磷酸根基团的影响稍弱，对整体平均极化率的降低最小。

表 4-13　PBGA 分子模型的极化率 α（单位：10^{-25} esu）

	PBGA	PGA1	PGA2	BGA
α_{xx}	217.67180	137.70620	142.19760	185.83620
α_{xy}	-4.56867	-6.44831	-7.61104	-31.87033
α_{yy}	226.77070	141.35590	144.21240	135.20750
α_{xz}	17.90580	9.26966	6.32162	6.84635
α_{yz}	-23.08741	4.18595	1.57370	3.15360
α_{zz}	175.98450	101.09030	102.79240	154.93860
α	206.809	126.7175	129.7342	158.6608

对比决定平均极化率的极化率分量 α_{xx}、α_{yy} 和 α_{zz}，相对于 PBGA、PGA1、PGA2 和 BGA 分子模型的 α_{xx} 分别减小了 79.9656esu、75.4742esu 和 31.8356×10^{-25} esu，α_{yy} 分别减小了 85.4148esu、82.5583esu 和 91.5632×10^{-25} esu，α_{zz} 分别减小了 74.8942esu、73.1921esu 和 48.1482×10^{-25} esu。其中，α_{xx} 和 α_{zz} 变化趋势与平均极化率类似，表明乙酸胍对 α_{xx} 和 α_{zz} 的影响较磷酸根大，而 α_{yy} 的变化有所不同，磷酸根的缺失使其减小更明显，表明磷酸根的影响较乙酸胍的大，但差别不大。总之，两种乙酸胍基团对极化率分量的影响类似，相对磷酸根基团其对 α_{xx} 和 α_{zz} 的影响更大，对 α_{yy} 影响稍弱。

表 4-14 给出了 PBGA 四个分子模型的一阶超极化率 β 及其分量 β_{ijk}，其中 PBGA，一阶超极化率为 1.71724×10^{-30} esu，同等条件下计算得到的尿素分子一阶超极化率为 0.74051×10^{-30} esu，可以表明 PBGA 分子二阶非线性光学系数约为尿素分子的 2.3 倍。

表 4-14 PBGA 分子模型的一阶超极化率 β（单位：10^{-30} esu）

	PBGA	PGA1	PGA2	BGA
β_{xxx}	-0.56557	-0.89537	-0.06201	-1.39492
β_{xxy}	-0.47078	0.12293	-0.28830	0.78948
β_{xyy}	0.46019	0.13709	-0.35772	-0.43500
β_{yyy}	-0.17694	0.12961	1.50518	1.05486
β_{xxz}	-0.00537	-0.23848	0.21761	0.15867
β_{xyz}	-0.36913	0.08311	-0.01796	0.04124
β_{yyz}	0.28851	0.35708	-0.07055	0.09793
β_{xzz}	0.16597	-0.09863	0.06205	0.30948
β_{yzz}	-0.38789	-0.09000	0.25402	-0.10669
β_{zzz}	1.08535	0.13591	0.31494	0.41953
β_{tot}	1.71724	0.90857	1.58270	2.40589

从表中可以看出，PGA1、PGA2 和 BGA 的一阶超极化率分别为 0.90857esu，1.58270esu 和 2.40589×10^{-30} esu，当失去带电乙酸胍基团时，PGA1 的 β_{tot} 降低了 0.80867×10^{-30} esu，失去不带电乙酸胍基团时，PGA2 的 β_{tot} 降低了 0.13454×10^{-30} esu，失去磷酸根基团时，BGA 的 β_{tot} 反而增大了 0.68865×10^{-30} esu，可以看出，各基团对一阶超极化率的影响与其对偶极矩影响类似，两个乙酸胍基团都对 PBGA 的一阶超极化率有增大作用，其中带电乙酸胍较强，而磷酸根基团与乙酸胍不同，其降低乙酸胍分子的一阶超极化率，减弱 PBGA 的二阶非线性光学性质。

3 密度泛函理论研究

3.1 收敛性测试与结构优化

1. 收敛性测试

利用 CASTEP 对晶体进行第一性原理计算一个重要的步骤是收敛性测试。收敛性测试是要以更好的参数精细度去计算同一个物理量，直到该物理量在所需要的精细度范围之内已经不再改变为止。本项目中需要进行收敛性测试的参数主要有：计算品质，即平面波截止能量(cut-off energy)和 k 点(k-point)。

1) 平面波截止能量设置

Bloch 理论表明，在对真实系统的模拟中，由于电子数目的无限性，矢量的个数从原则上讲是无限的，每个矢量处的电子波函数都可以展开成离散的平面波基组形式。然而相对于动能较大的情况，动能 $|k+G|^2$ 很小时，平面波系数 C_{k+G} 更重要。调节平面波基组，其中包含的平面波动能小于某个设定的截止能量，如图 4-15 所示(球体半径与截止能量平方根成比例)。

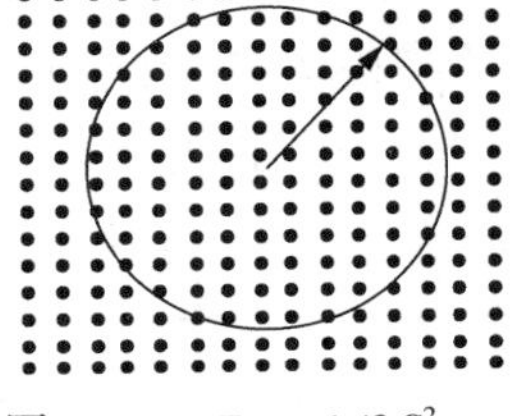

图 4-15 $E_{cut}=1/2G_{max}^2$

在计算总能量中减小截断就是选取了较少的平面波，将会导致计算的错误或者偏离真实值，而通过增加截断可以纠正这一偏离，并且提高计算的精确性，但同时增加了计算量。理论上所选取的截断能要保证在要求的精度范围内计算能够收敛，从而有合适的平面波基组对几何结构进行优化或进行分子动力学研究。

设置截断能的最简单方式是在“CASTEP Calculation Electronic”选项中选择“More”，然后在对话框中选择“基本”(Basic)选项，在“能量截断”(Energy cut-off)中填入设置的值。

2) k 点的设置

在通常的能带图中，经常会出现比如 Γ、Λ、K、X ……的符号。这些符号表示的是布里渊区内具有高对称性的一些特殊的 k 点，这些 k 点有特殊重要的意义。在进行体系总能计算时，通常要对布里渊区内的波函数或本征值进行积分，在实际计算过程中，积分是通过对部分特殊选取的 k 点求和完成的。比较常见的 k 点网格方法有 Monkhorst-Pack 方法和四面体网格。

周期体系中的电子波函数可以表述为调幅平面波的形式，即 $\psi(\bar{r},k)=\mu(\bar{r})\exp(ik.\bar{r})$ 。其本征能量和本征矢量为 $E_n(\bar{k})$ 和 $\varphi_n(\bar{k})$ 。不同的电子状态按照量子数 k 进行分类，而量子数 n 则表征能态的分立性。研究多体体系的价电子问题，归根结底是计算出不同类的电子状态的本征值和本征矢量，体系处于基态情况下，哪些不同 k 的低能量状态被电子占据。因体系具有周期性，所以，第一布里渊区的所有 k 可以代表所有的 k。但是，由于周期边界条件确定的 k 有无穷多个，而且计及相互作用势的实际体系中许可的 k 点在倒易空间内是不均匀的，实际计算过程中只能选取有限个点。

在赝势平面波计算工作中，有限个 k 点在第一布里渊区内等权重均匀选取，这种选取 k 点的方法称之为 Monkhorst-Pack 方法。实际操作中考虑体系的对称性，将第一布里渊区依据点对称性划分为几个等价的“不可约空间”，自洽计算只在这个较小的不可约空间内进行。换言之，将研究那些互不等价的 k 量子数的集合，然后再用以描述整个电子体系的状态。如果体系的第一布里渊区的不可约空间大小为布里渊区体积的 $1/n$，则总体性质取不可约体积内的计算结果 n 倍即可。但要注意的是，由于不可约布里渊区之间相交，第一布里渊区和第二布里渊区之间也有相交点，所以总有一些点为两个或几个不可约空间共有或为相邻布里渊区共有，这时如果进行占据态总能量和其他物理性质计算时采用简单倍乘就将导致完全错误的结果。

布里渊区的设置是通过 k 点的设置来确定的，在倒格矢空间的划分适当地选择 k 点对于达成精确度与效率的平衡是很重要的。我们必须推荐用 k 点取样的增加来减低有限基底集的修正并促使在一个固定能量下晶体松弛更加精确。设置方法是在“CASTEP Calculation→Electronic”选项中选择“更多”(More)，然后在对话框中选择“k-points”。在“k-points”的选项中又有几种方式：第一种是“只取 Γ 点”(Gamma point only)，这对于计算体系具有较大的原子数目并且对称性低的情况下可以考虑；第二种是按“精度”(Quality)来选择，它有三个等级，分别是“粗糙”(Course)、“中等”(Medium)、“精细”(Fine)。这三个等级对应着不同的 Monkhorst-Pack 点。比如，在做结构优化任务时一般精度都要选择“精细”(Fine)这一等级。第三种是可以给定 k 点的间隔，这样也就定下了在布里渊区中 k 点的设置。第四种是直接给定沿着超原胞倒格矢空间三个基矢 a、b、c 的 k 点取值。

2. 结构优化

1）LAP

在 Material Studio 中导入 LAP 晶体结构，建立该晶体模型，结构的优化与性质计算是在 CASTEP 模块下完成的。通过收敛性测试，确定的计算参数分别为 $E_{\text{cut-off}}=420\text{eV}$，$k$ 点为 4×4×4，自洽收敛精度设为 $2\times10^{-5}\text{eV/atom}$，原子间的相互作用力收敛标准为 0.05eV/Å，原子的最大位移收敛标准为 0.002 Å，晶体内应力收敛标准为 0.1GPa。

几何结构优化可以自动依据原子的受力状况来调节原子的晶胞参数和位置，

直至所有原子的受力状况都趋于平衡，从而使整个系统的总能处于最低状态、达到在给定条件下处于最稳定的结构。

LAP 晶体初始结构与优化后的模型如图 4-16 所示，可以看出，分子基团位置与取向没有明显变化，优化前后的结构参数列于表 4-15 中，晶格常数 a 由 10.898 Å 增大到 11.959 Å，b 由 7.910 Å 增大到 7.974 Å，c 由 7.339 Å 增大到 7.428 Å，α 与 γ 维持 90 °没有变化，β 由 97.970 °增大到 100.321 °，可以看出晶格整体变大了，体积参数也由 626.534 $Å^3$增大到 696.825 $Å^3$，但长度变化率最大只有 9.7%，体积变化率有 11.2%，整体变化不大，表明所选择的结构优化参数比较合理，可以进行电子结构与性质的理论计算。

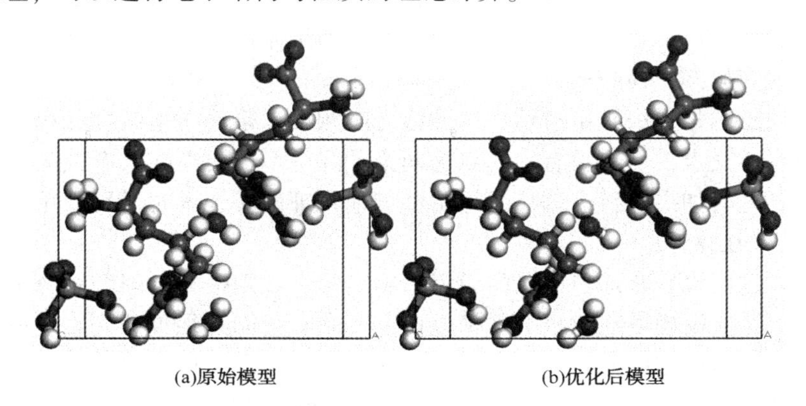

(a)原始模型　　(b)优化后模型

图 4-16　LAP 晶体原始模型与优化后模型

表 4-15　LAP 晶体原始结构与优化后结构晶格参数

	a/Å	b/Å	c/Å	β/(°)	V/$Å^3$
原始结构	10.898	7.910	7.339	97.970	626.534
优化后	11.959	7.974	7.428	100.321	696.825

2）PBGA

在 Material Studio 中导入 PBGA 晶体结构，建立该晶体模型，结构的优化与性质计算是在 CASTEP 模块下完成的。通过收敛性测试，确定的计算参数分别为 $E_{cut-off}=460eV$，k 点为 9×9×9，自洽收敛精度设为 2×10^{-5}eV/atom，原子间的相互作用力收敛标准为 0.05eV/Å，原子的最大位移收敛标准为 0.002 Å，晶体内应力收敛标准为 0.1GPa。

PBGA 晶体初始结构与优化后的模型如图 4-17 所示，可以看出，分子基团位置与取向没有明显变化，优化前后的结构参数列于表 4-16 中，晶格常数 a 由 7.773 Å 增大到 8.117 Å，变化率 4.4%；b 由 8.108 Å 增大到 9.270 Å，变化率 14.3%；c 由 12.455 Å 增大到 12.703 Å，变化率 2.0%；可以看出晶格尺寸整体变大了。α 由 85.590 °减小到 83.517 °，变化率－2.4%；β 由 89.146 °减小到 82.458 °，变化率－3.2%；γ 由 61.372 °减小到 55.972 °，变化率－8.8%，可以看出角度都减小了，但体积参数由 689.818 $Å^3$ 增大到 784.448 $Å^3$，体积变化率为 13.7%，整体变化不是特别大，表明所选择的结构优化参数较为合理，可以进行 PBGA 晶体电子结构与性质的理论计算。

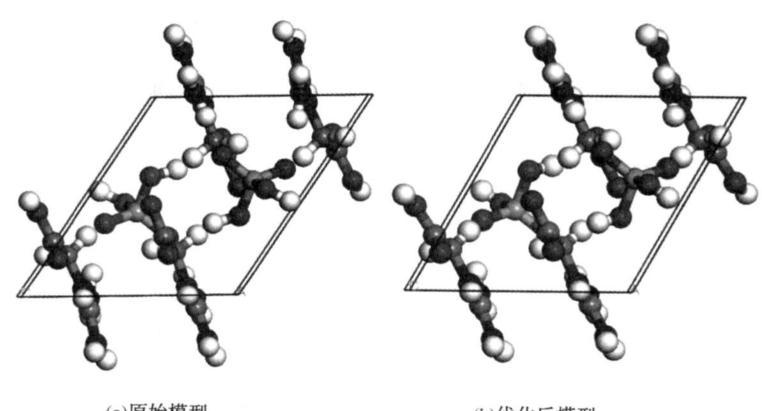

(a)原始模型　　(b)优化后模型

图 4-17　PBGA 晶体原始模型与优化后模型

表 4-16　PBGA 晶体原始结构与优化后结构晶格参数

	a/Å	b/Å	c/Å	α/(°)	β/(°)	γ/(°)	V/$Å^3$
原始结构	7.773	8.108	12.455	85.590	89.146	61.372	689.818
优化后	8.117	9.270	12.703	83.517	82.458	55.972	784.448

3）LATF

在 Material Studio 中导入 LATF 晶体结构，建立该晶体模型，结构的优化与性质计算是在 CASTEP 模块下完成的。通过收敛性测试，确定的计算参数分别为 $E_{cut-off}=420eV$，k 点为 6×6×6，自洽收敛精度设为 2×10^{-5}eV/atom，原子间的相互作用力收敛标准为 0.05eV/Å，原子的最大位移收敛标准为 0.002 Å，晶体内应力收敛标准为 0.1 GPa。

LATF 晶体初始结构与优化后的模型如图 4-18 所示，可以看出，分子基团位置与取向基本没有明显变化，优化前后的结构参数列于表 4-17 中，晶格常数 a 由 10.562 Å 减小到 10.533 Å，变化率－0.3%；b 由 5.698 Å 增大到 5.912 Å，变化率 3.8%；c 由 10.846 Å 增大到 12.026 Å，变化率 10.9%；可以看出晶格尺寸整体变大了。α 与 γ 维持 90 °没有变化；β 由 106.768 °增大到 109.660 °，变化率 2.7%，可以看出角度增大了，体积参数由 624.983 $Å^3$ 增大到 705.309 $Å^3$，体积变化率为 12.9%，整体变化不是特别大，表明所选择的结构优化参数较为合理，可以进行 LATF 晶体电子结构与性质的理论计算。

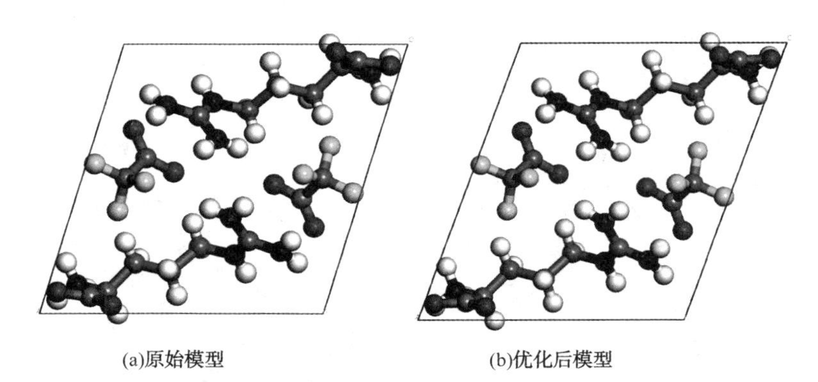

(a)原始模型　　(b)优化后模型

图 4-18　LATF 晶体原始模型与优化后模型

表 4-17　LATF 晶体原始结构与优化后结构晶格参数

	a/Å	b/Å	c/Å	β/(°)	V/Å^3
原始结构	10.562	5.698	10.846	106.768	624.983
优化后	10.533	5.912	12.026	109.660	705.309

3.2　电子结构

1. 能带结构

在固体物理学中，固体的能带结构(又称电子能带结构)描述了禁止或允许电子所带有的能量，这是周期性晶格中的量子动力学电子波衍射引起的。材料的能带结构决定了多种特性，特别是它的电子学和光学性质。

1）LAP

图 4-19 为 LAP 晶体的能带结构图，其能带结构共分为三部分，低于-10eV 的低能部分，-10~0eV 的价带部分以及 0eV 以上的导带部分。由图中可以看出，价带中电子能带分布很窄，表明该部分电子质量较大，局域性强；而在导带的中部与顶部电子能带有较明显起伏，分布有一定宽度，表明该部分电子质量较小，非局域性强。0eV 处为费米能级，导带与价带间隙值是 5.022eV，价带的顶部在 B 点，导带的底部在 G 点，两者不在同一位置，因此 LAP 晶体为间接能隙。

2）PBGA

由图 4-20 给出了 PBGA 晶体的能带图，可以看出，0eV 处为费米能级，费米能级以上为导带，导带最低点位于 Q 点，费米能级以下为价带，价带最高点位于 G 点，能带间隙为 4.768eV，且价带的顶部与导带的底部不在同一 k 点处，表明 PBGA 晶体为间接能隙晶体。由图中可以看出，价带中电子能带分布很窄，表明该部分电子质量较大，局域性强；仅导带顶部电子能带有较明显起伏，分布有一定宽度，表明该部分电子质量较小，非局域性强。

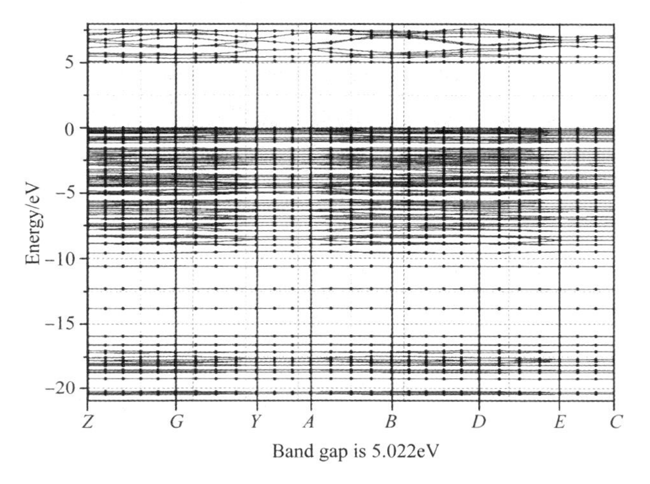

图 4-19　LAP 晶体能带结构

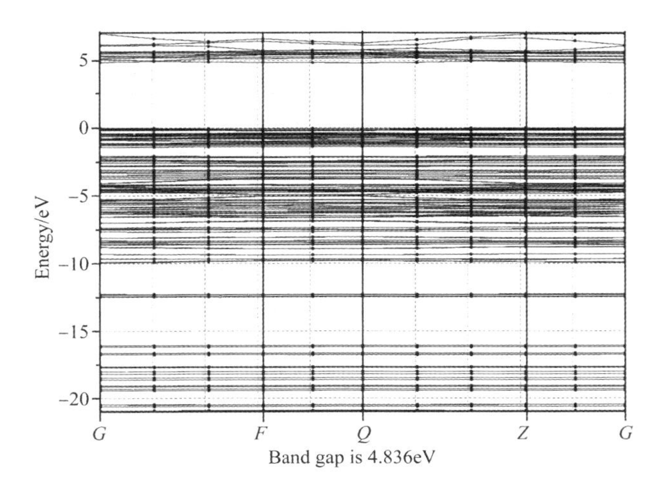

图 4-20　PBGA 晶体能带结构

3）LATF

LATF 晶体的能带结构如图 4-21 所示。能带结构由三部分构成：低于-15eV 的区域；-15～0eV 之间的价带；0eV 以上的导带。由图中可以看出，价带中多数电子能带分布很窄，表明电子质量较大，局域性强；导带的顶部与价带中个别电子能带有较明显起伏，分布有一定宽度，表明该部分电子质量较小，电子有一定扩展性质。导带最低点位于 B 点，价带最高点位于 A 点，两者不在同一 k 点处，表明 LATF 晶体为间接能隙晶体，且能带间隙为 4.717eV。

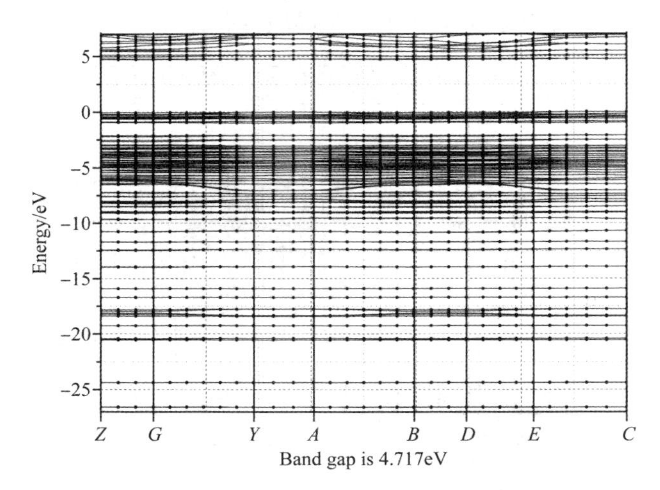

图 4-21　LATF 晶体能带结构

2. 态密度

晶胞中各原子相互作用，使晶胞中部分电子共有化，在晶胞中各原子的外层电子和价电子为整个晶胞所共有，共有化电子在不同能级准连续分布的情况下，单位能量间隔内的电子态数目称之为态密度(Density of States，简称“DOS”)。态密度作为能带结构的一个可视化结果，很多分析和能带的分析结果可以一一对应，因为它更直观，在结果讨论中用得比能带分析更广泛一些。

1) LAP

图 4-22(a)是 LAP 晶体的总态密度与轨道分态密度，总态密度与能带结构一样，

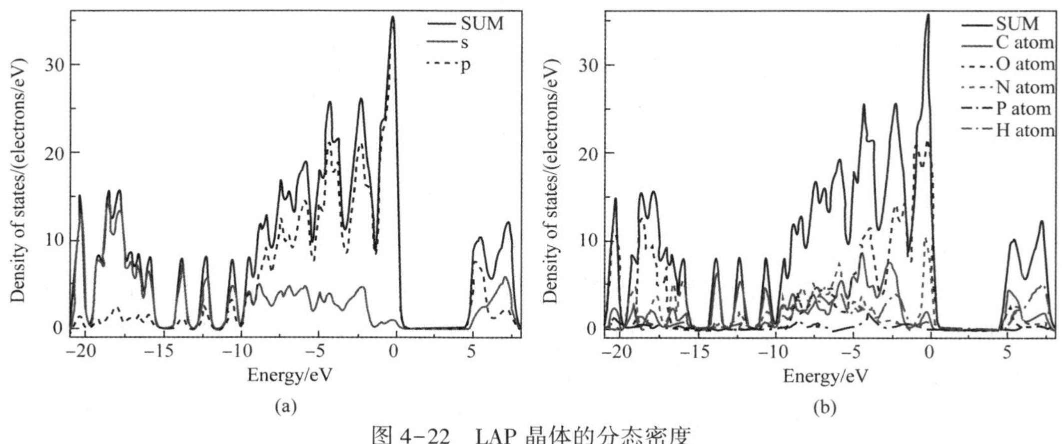

图 4-22　LAP 晶体的分态密度

也分为导带与价带两部分，根据轨道态密度对总台密度的不同贡献，其中价带可以分为三个区域，-13eV 以下的低能级，-13~-9eV 的中能级以及-9~0eV 的高能级。可以看出价带低能级主要是 s 轨道的贡献，价带中能级是 s 与 p 轨道综合贡献，价带高能级与导带中的底部主要由 p 轨道组成，导带顶部主要来自 s 轨道。

LAP 晶体的总态密度与晶体中各原子分态密度示于图 4-22(b)，结合图 4-22(a)，可以看出，低能级中-15eV 以下部分主要是由 O-2s 提供，-15~-10eV 的能态主要来自 C-2s，-10~-5eV 间能态来与自多个原子 s 与 p 轨道综合贡献，-5~0eV 间能态主要来自于 C-2p，O-2p 和 N-2p，其中价带顶部主要由 O-2p 和 N-2p 组成，导带的底部主要来自 C-2p 和 P-3p。

费米面附近的能带分布是电子结构的重要部分，由图 4-22 已经表明价带顶部主要由 O-2p 和 N-2p 组成，为了更深入分析价带顶部的电子组成，图 4-23 给出了 LAP 晶体中不同基团上 O-2p 与 N-2p 电子能态的分布。图 4-23(a)为 O-p 总态密度与不同基团上 O-2p 态密度分布，图 4-23(b)为 N-p 总态密度与不同基团上 N-2p 态密度分布，可以看出价带顶部电子能态来自于 L-精氨酸分子胍基上 N-2p 与羧基上 O-2p 贡献，以及磷酸根基团上 O-2p，表明这三个基团上电子易产生相互作用，基团间易发生电子迁移。

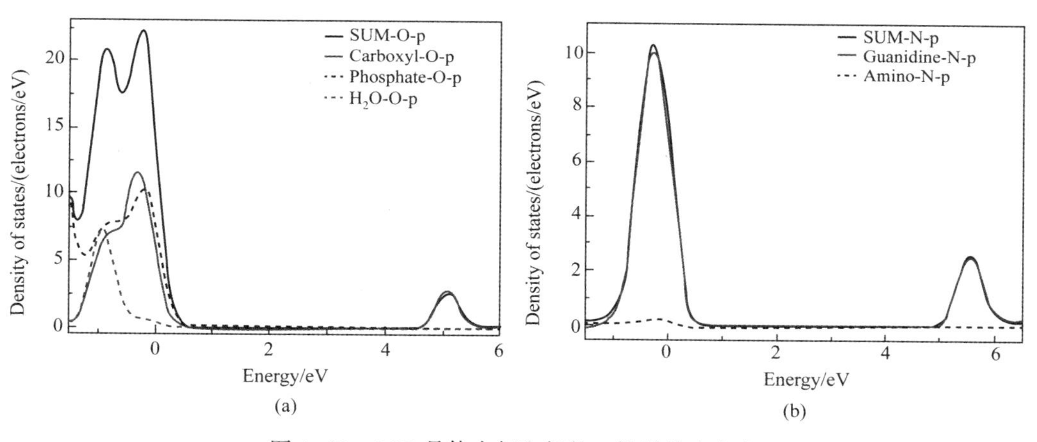

图 4-23 LAP 晶体中氧和氮的 p 轨道分态密度

2）PBGA

图 4-24(a)是 PBGA 晶体的总态密度与轨道分态密度，晶体的总态密度与能带结构一样，也分为导带与价带两部分，根据轨道态密度对总台密度的不同贡献，其中价带可以分为三个区域，-15eV 以下的低能级，-15~-9eV的中能级以及-9~0eV 的高能级。可以看出价带低能级主要是 s 轨道的贡献，价带中能级是 s 与 p 轨道综合贡献，价带高能级与导带中的底部主要由 p 轨道组成，导带顶部主要来自 s 轨道。

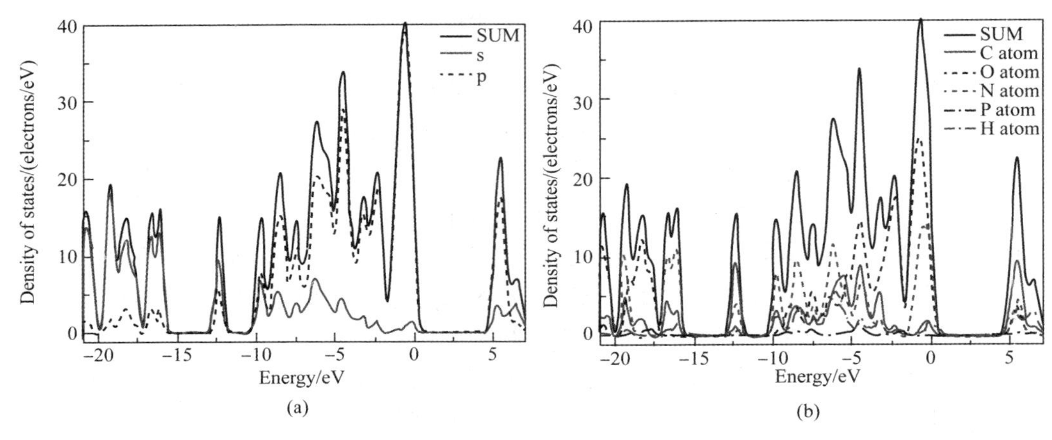

图 4-24 PBGA 晶体的分态密度

PBGA 晶体的总态密度与晶体中各原子分态密度示于图 4-24(b)，结合图 4-24(a)，可以看出，价带中低能级主要是由 O-2s 和 N-2s 贡献，-15~-5eV 间能级由多个原子 s 与 p 轨道综合贡献，-5~0eV 间能态主要来自于 C-2p，O-2p 和 N-2p，其中价带顶部主要由 O-2p 和 N-2p 组成，导带的底部主要来自 C-2p。

图 4-25 给出了 PBGA 晶体中不同基团上 O-2p 与 N-2p 电子能态的分布。图 4-25(a)为 O-p 总态密度与不同基团上 O-2p 态密度分布，图 4-25(b)为 N-p 总态密度与不同基团上 N-2p 态密度分布，可以看出价带顶部电子能态来自于乙酸胍分子胍基上 N-2p 与羧基上 O-2p 贡献，价态顶部还有磷酸根上 O-2p 的贡献，其中带电乙酸胍分子相对不带电乙酸胍分子，对价带顶部的能态贡献更大一些，

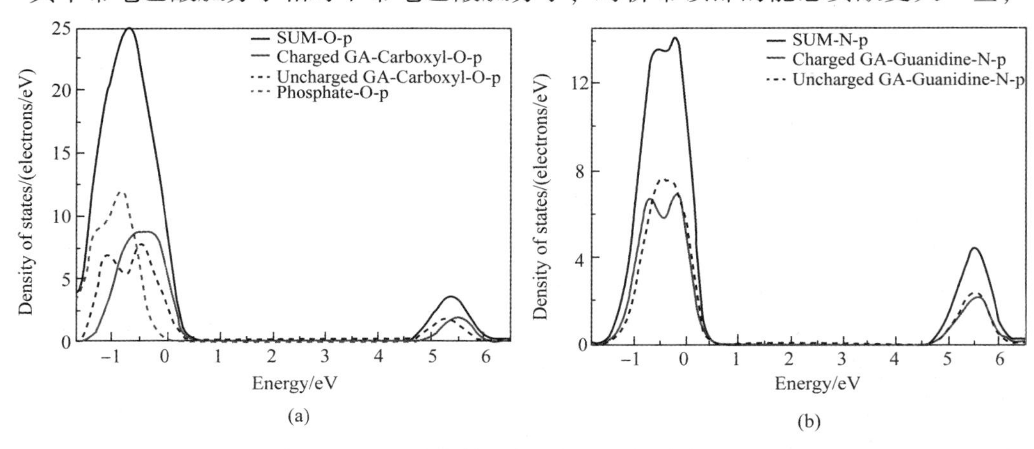

图 4-25 PBGA 晶体中氧和氮的 p 轨道分态密度

以上发现表明晶体中胍基与磷酸根基团上电子易产生相互作用，发生电子迁移。

3）LATF

图 4-26(a)是 LATF 晶体的总态密度与轨道分态密度，晶体的总态密度与能带结构一样，也分为导带与价带两部分，根据轨道态密度对总台密度的不同贡献，其中价带可以分为三个区域，-12eV 以下的低能级，-12~-9eV的中能级以及-9~0eV 的高能级。可以看出价带低能级主要是 s 轨道的贡献，价带中能级是 s 与 p 轨道综合贡献，价带高能级与导带中的底部主要由 p 轨道组成，导带顶部主要来自 s 轨道。

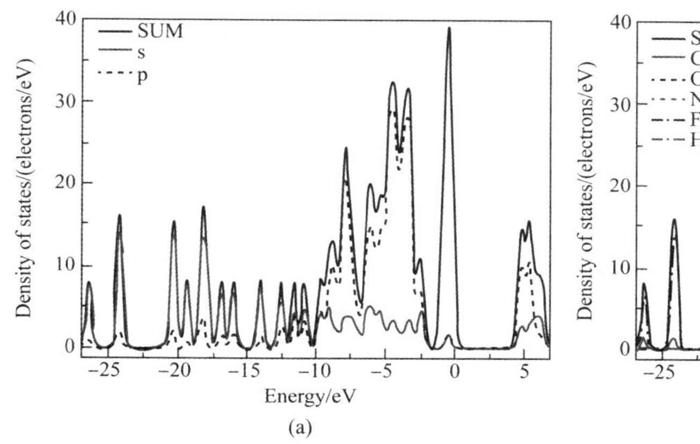

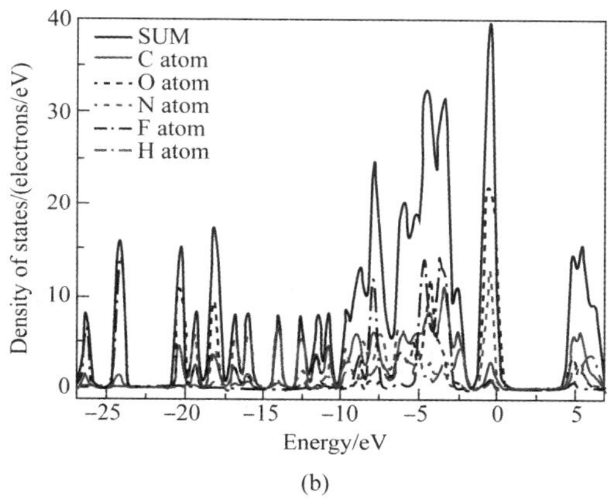

图 4-26 LATF 晶体的分态密度

LATF 晶体的总态密度与晶体中各原子分态密度示于图 4-26(b)，结合图 4-26(a)，可以看出，价带低能级中-22eV 以下主要是由 F-1s 贡献，-22~-12eV 间能级主要由 C-2s、O-2s 和 N-2s 组成，-12~-1.5eV 能态由多个原子 s 与 p 轨道综合贡献，价带顶部-1.5~0eV 间能态主要来自于 O-2p 和 N-2p，导带的底部主要来自 C-2p。

图 4-27 给出了 LATF 晶体中不同基团上 O-2p 与 N-2p 电子能态的分布。图 4-27(a)为 O-p 总态密度与不同基团上 O-2p 态密度分布，图 4-27(b)为 N-p 总态密度与不同基团上 N-2p 态密度分布，可以看出价带顶部 O 原子 p 轨道电子能态来自于三氟乙酸与 L-精氨酸分子的羧基上 O-2p，N 原子 p 轨道电子能态主要是由 L-精氨酸分子胍基上 N-2p 贡献。因此，价带顶部电子能态来自于 L-精氨酸分子 O-2p 与胍基上 N-2p，以及三氟乙酸上 O-2p，其中三氟乙酸上 O-2p 对价带顶部的能态贡献更大一些，以上发现表明晶体中 L-精氨酸的羧基与胍基，三氟乙酸的羧基三个基团上电子易发生相互作用，产生电子迁移。

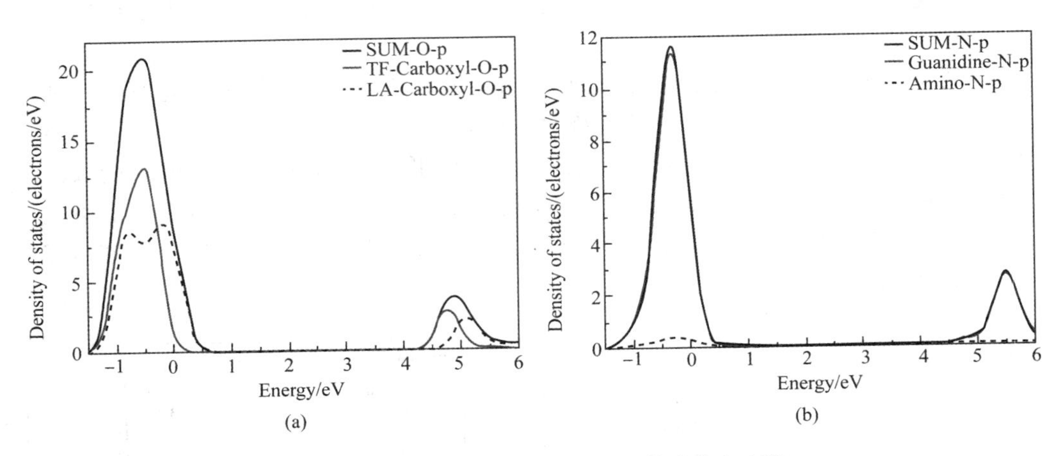

图 4-27 LATF 晶体中氧和氮的 p 轨道分态密度

3. 差分电荷密度

差分电荷密度定义为成键后的电荷密度与对应的点的原子电荷密度之差，差分电荷密度图中红色表示失去电子(负值)，蓝色表示得到电子(正值)。通过分析差分电荷密度图，可以得到在成键和成键电子耦合过程中的电荷移动以及成键极化方向等性质。

图 4-28 为 LAP 晶体中垂直于胍基平面的差分电荷密度图，L-精氨酸分

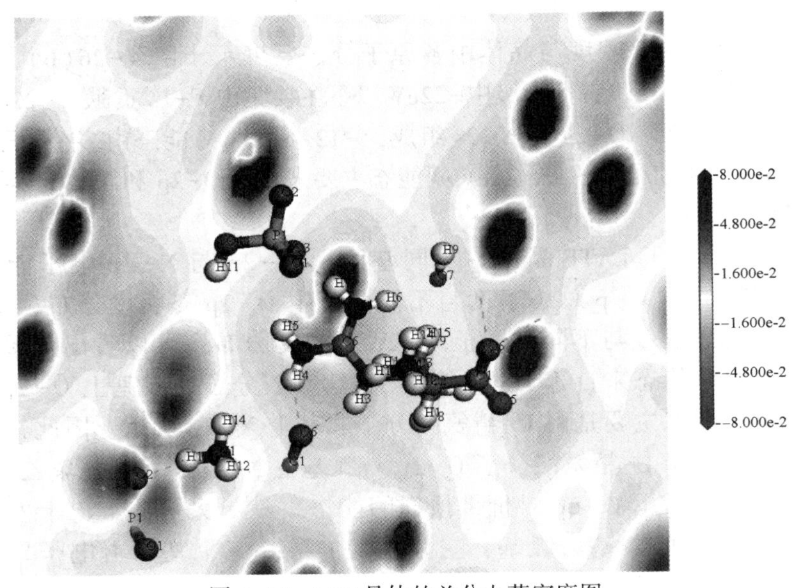

图 4-28 LAP 晶体的差分电荷密度图

子胍基基团与磷酸根 O3 原子位于该平面上。从图的中部可以看到，胍基上 H5 与 H7 获得了电子，H3、H4 与 H6 失去了电子，其中 H7 得电子强度最高，其与磷酸根基团上 O3 间形成较强的氢键连接；H3 和 H4 失电子较 H6 更为明显，两者与另一个 L-精氨酸分子羧基 O6 产生氢键，但强度一般。图的左下角是磷酸根基团与精氨酸分子的氨基，可以看出，O1 失电子，O2 明显地得到了电子，H13 与 H14 都是失电子，O2 与 H13 间形成了较强的氢键，两者间具有明显的电子迁移。

根据上述分析表明，LAP 晶体中磷酸根基团与 L-精氨酸分子上胍基与羧基均具有较强的相互作用，形成了明显的电子迁移现象，其中发生在磷酸根基团与羧基间的相互作用强度更高。

图 4-29 为 PBGA 晶体中垂直于乙酸胍分子平面的差分电荷密度图，乙酸胍分子与磷酸根 O3 原子位于该平面上。从图中可以看到，带电乙酸胍上 O5 与 O6 获得了电子，H1 与 H2B 失去了电子；不带电乙酸胍分子胍基上 N 原子得电子，所有 H 原子失去了电子；磷酸根基团上 O3 得了电子，O3 和 O4 分别与胍基上 H6B 和 H6 具有明显相互作用，形成氢键；带电乙酸胍分子羧基上 O5 与 O6 分别与不带电乙酸胍羧基上 H7 和胍基上 H6A 形成氢键，其中两个乙酸胍分子上羧基

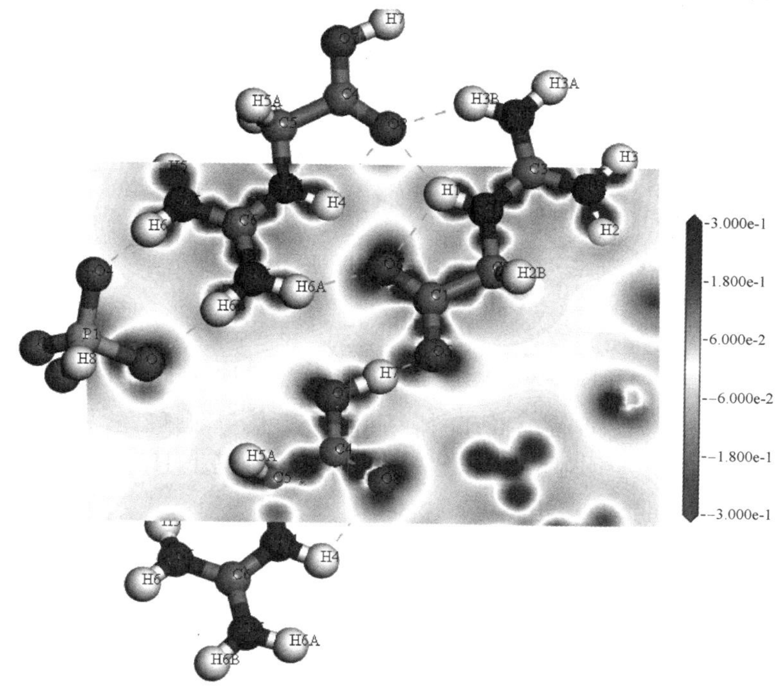

图 4-29 PBGA 晶体的电荷差分密度图

间形成的氢键 O7—H7⋯O5 强度最为明显。

以上分析表明，PBGA 晶体中磷酸根基团与乙酸胍分子上胍基具有一定的相互作用，发生了明显的电子迁移现象，两个乙酸胍分子上羧基间形成了强度更高的氢键。

图 4-30 为 LATF 晶体中垂直于 L-精氨酸分子胍基平面的差分电荷密度图，胍基与三氟乙酸羧基位于该平面上。从图中可以看到，L-精氨酸胍基上 N 原子得到了电子，H 原子失去了电子；三氟乙酸羧基上 O3 与 O4 获得了电子，H6 和 H7 分别与两个三氟乙酸上的 O3 具有明显相互作用，形成两个氢键，其中 N2—H7⋯O3 强度较强。

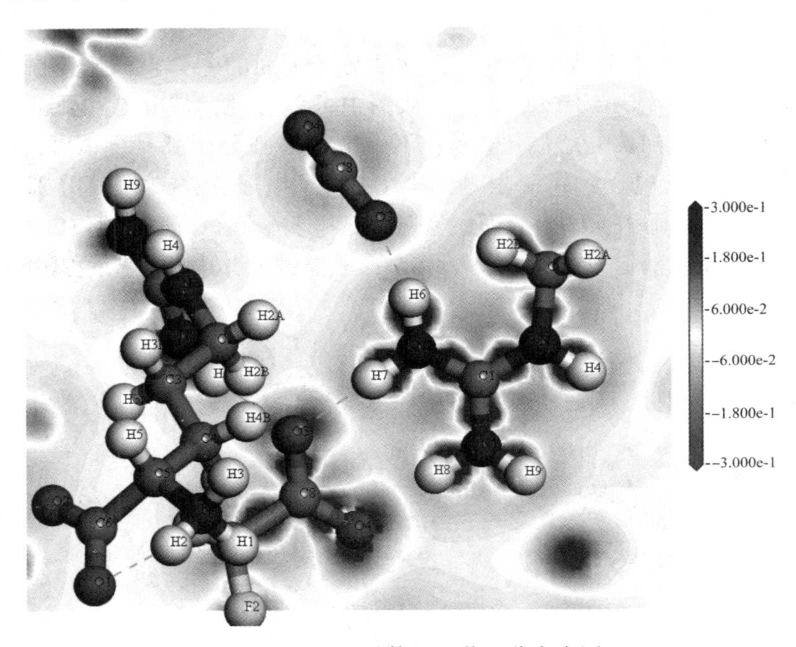

图 4-30　LATF 晶体的电荷差分密度图

以上分析表明，LATF 晶体中 L-精氨酸分子胍基与三氟乙酸分子羧基具有一定的相互作用，发生了明显的电子迁移现象，其中胍基上 H7 与三氟乙酸形成了强度更高的氢键。

3.3　光学性质

材料的光学性质是物理性质中最重要的方面之一，对材料光学性质的研究是探索材料电子结构等各种相关物理性质的有效技术手段。

在较小波矢下物质对光场的响应为线性，在此响应范围内固体宏观光学响应函数可用光的复介电常数 $\varepsilon(\omega) = \varepsilon_1(\omega) + i\varepsilon_2(\omega)$ 或者复折射率 $N(\omega) = n(\omega) +$

$iK(\omega)$描述，其中 $\varepsilon_1(\omega)=n^2-K^2$，$\varepsilon_2(\omega)=2nK$。

根据直接跃迁概率的定义和克拉默斯克勒尼希(Kramers-Kronig)色散关系可以推导出晶体介电函数实部 $\varepsilon_1(\omega)$，虚部 $\varepsilon_2(\omega)$，折射率 $n(\omega)$，消光系数 $K(\omega)$，吸收系数 $I(\omega)$，反射率 $R(\omega)$，损失函数 $L(\omega)$等。

$$\varepsilon_1(\omega)=1+\frac{8\pi e^2}{m^2}\sum_{VC}\int_{BZ}d^3k\,\frac{2}{2\pi}\frac{|eM_{CV}(K)|^2}{[E_C(K)-E_V(K)]}\times\frac{\delta^3}{[E_C(K)-E_V(K)]^2-\delta^3\omega^2}\tag{4-9}$$

$$\varepsilon_2(\omega)=\frac{4\pi^2}{m^2\omega^2}\sum_{VC}\int_{BZ}d^3k\,\frac{2}{2\pi}|e\cdot M_{CV}(K)|^2\times\delta[E_C(K)-E_V(K)-h\omega]\tag{4-10}$$

$$n(\omega)=\frac{1}{\sqrt{2}}[(\varepsilon_1^2+\varepsilon_2^2)^{\frac{1}{2}}+\varepsilon_1]^{\frac{1}{2}}\tag{4-11}$$

$$K(\omega)=\frac{1}{\sqrt{2}}[(\varepsilon_1^2+\varepsilon_2^2)^{\frac{1}{2}}-\varepsilon_1]^{\frac{1}{2}}\tag{4-12}$$

$$I(\omega)=\sqrt{2}\omega\left[\sqrt{\varepsilon_1^2(\omega)+\varepsilon_2^2(\omega)}-\varepsilon_1(\omega)\right]^{\frac{1}{2}}\tag{4-13}$$

$$R(\omega)=\frac{(n-1)^2+K^2}{(n+1)^2+K^2}\tag{4-14}$$

$$L(\omega)=lm\left[\frac{-1}{\varepsilon(\omega)}\right]=\frac{\varepsilon_2(\omega)}{\varepsilon_1^2(\omega)+\varepsilon_2^2(\omega)}\tag{4-15}$$

1. 介电函数

介电函数在描述固体的光学性质中处于非常重要的地位，其与物质微观结构以及光与物质相互作用有关，决定了辐射在晶体中的传播行为，是联系物质微观量与宏观可测量的桥梁，其中介电函数的虚部 $\varepsilon_2(\omega)$是研究光学性质的关键。图4-31为LAP晶体沿[100]、[010]以及[001]三个方向介电函数虚部与能量的关系曲线。

图中可以看出，LAP晶体在三个方向的介电峰分别位于5.97eV、5.95eV和5.83eV，结合态密度图4-22可知，主要是由胍基上N-2p与羧基及磷酸根上的O-2p态由价带顶部跃迁至导带引起。由于LAP晶体中不同晶向上基团的排列不同，其价带电子跃迁至导带形成介电峰时，也会有所差别，因而介电峰在[001]方向强度最强，[100]方向最弱。介电函数曲线上其他的峰值同样来自于电子的跃迁，由于电子吸收能量跃迁时，介电峰不是由某一单一的跃迁所致，可能包含许多能级直接或间接跃迁的贡献，因此跃迁引起的能量差值并不能完全与介电峰的位置对应的。

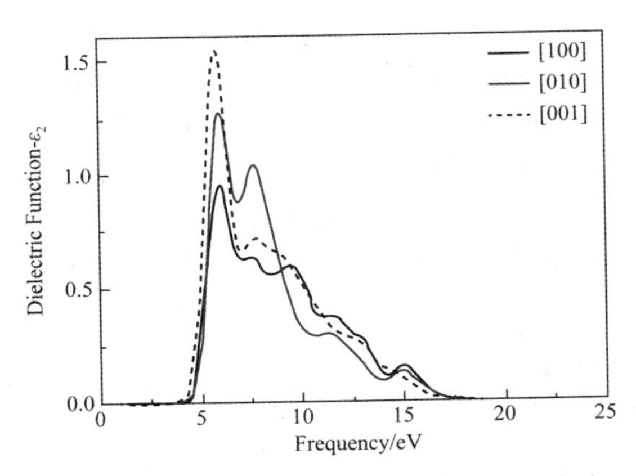

图 4-31　LAP 晶体的介电函数虚部与能量关系

同时可以看出，LAP 晶体在[100]和[001]两个晶向上只有第一个介电峰比较明显且仅有大小差别，在这两个方向上对于大于 7.5eV 的光子能量响应基本一致，而 LAP 晶体[010]方向上在 7.76eV 处出现了第二个介电峰，该谱峰远高于其他两个方向上同位置的介电峰，当光子能量大于 9eV，LAP 晶体在[010]方向上的响应弱于其他两个方向。可以说 LAP 晶体在[010]晶向上电子跃迁具有一定特殊性，结合 LAP 晶体通常沿[010]晶向生长，LAP 分子基团也是沿[010]晶向堆积，表明在[010]晶向的特殊响应极有可能来自于 LAP 分子中磷酸与胍基间特殊的静电作用。

PBGA 晶体在[100]、[010]以及[001]三个方向介电函数虚部与能量的关系曲线如图 4-32 所示。从图中可以看出，PBGA 晶体在三个方向的首个介电峰分别位于 6.22eV、5.78eV 和 6.07eV，且在[001]方向强度最强，[100]方向最弱。结合态密度图 4-24 可知，首个特征峰主要是由 PBGA 中 N-2p 与 O-2p 态由价带

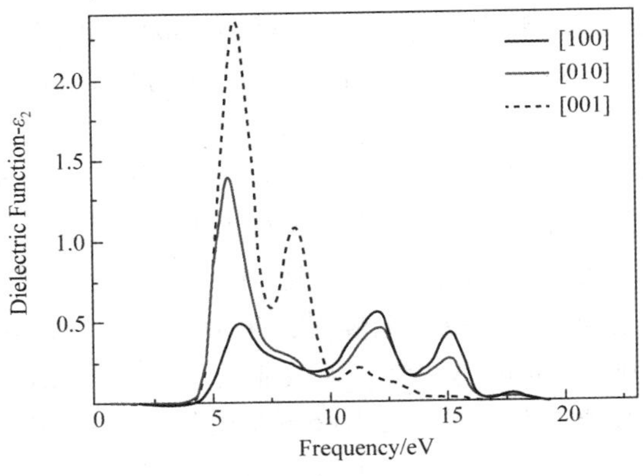

图 4-32　PBGA 晶体的介电函数虚部与能量关系

顶部跃迁至导带引起。

同时可以看出，PBGA 晶体在[100]和[010]两个晶向上除了首个介电峰有大小差别外，这两个方向上对大于 7.5eV 的光子能量响应基本一致，在 12.01eV 和 15.08eV 都分别出现了两个较明显的介电峰。而在[001]方向上位于 8.53eV 的强峰和 11.15eV 的弱峰，相较于其他两个方向谱峰明显向低能量偏移，且在光子能量大于 10eV 后，响应强度转变为弱于其他两个方向，表明 PBGA 晶体在[001]晶向上电子跃迁时存在特殊的中间能级，结合 PBGA 晶体中与 LAP 分子类似的磷酸胍基间作用，该方向介电峰的产生与增强可能与其相关。

图 4-33 给出了 LATF 晶体在[100]、[010]以及[001]三个方向介电函数虚部与能量的关系曲线，可以看出，LATF 晶体在三个方向的首个介电峰分别位于 5.84eV、5.80eV 和 5.84eV，且在[100]方向强度最强，[001]方向最弱，与 LAP 和 PBGA 晶体的强度顺序相反，结合态密度图 4-26 可知，特征峰主要是由 LATF 中胍基上 N-2p 与羧基上 O-2p 态由价带跃迁至导带引起。

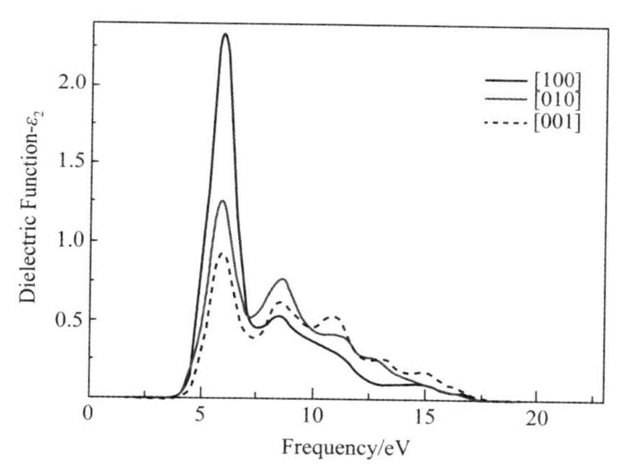

图 4-33 LATF 晶体的介电函数虚部与能量关系

同时可以看出，与 LAP 和 PBGA 晶体不同的是，LATF 晶体在三个晶向上对光子能量的响应差别不大，但[100]晶向的响应在光子能量大于 8eV 之后，强度开始弱于其他两个方向。

对比三个晶体的介电函数虚部随能量变化曲线，可以看出：三个方向中首个介电峰强度最大的，其响应强度在能量增大一定程度后变为最弱；LAP 与 PBGA 晶体在特定方向均出现了特殊书的第二介电峰，LATF 晶体没有该现象，表明 LAP 与 PBGA 晶体分别在[010]和[001]晶向有特殊电子结构，决定了其在该方向光学性质。

2. 吸收系数

当光通过材料时，出射光强相对于入射光强被减弱的现象，称为材料对光的吸收。产生光吸收的原因是由于光作为能量在穿过材料时，引起材料的价电子跃迁，或使原子振动而消耗能量。吸收系数反映的就是光波在晶体中单位传播距离光强度衰减的程度，也可以认为吸收系数的大小与其对应的电子跃迁概率是相一致的，吸收系数与介电函数存在如公式(4-13)的关系，采用晶体的介电函数可以得到对应的吸收系数。

计算得到的 LAP 晶体在三个不同晶向[100]、[010]、[001]的吸收系数如图 4-34 所示，曲线整体与 LAP 晶体介电函数虚部图谱(图 4-31)趋势相同，三个方向的第一个吸收峰分别位于 6.15eV，6.20eV 和 6.07eV，由于吸收来自于电子跃迁与原子振动的加和，因而谱峰位置相对介电函数稍有蓝移，强度方面，[001]方向最强，[100]方向最小，在[010]方向 8.03eV 处出现了一个明显的第二吸收峰，且强度高于所有吸收峰。[100]与[001]方向在吸收基本类似，在光子能量 7~13eV 强度减弱较慢，具有较强的吸收，整体上看，三个晶向上的吸收强度都是随着光子能量的增加先增后减，最终减小到零，吸收范围大约在 3.9~21.7eV，根据 $\lambda=Ch/Ek=1240/E$，吸收的截止波长在 318nm 左右，表明 LAP 晶体在大于 318nm 波长范围具有良好的透过性能。

PBGA 晶体在三个不同晶向[100]、[010]和[001]的吸收率变化曲线如图 4-35 所示，三个晶向上的吸收率曲线与 PBGA 晶体介电函数虚部图谱(图 4-32)趋势相同，总体吸收范围在 3.7~19.3eV，根据 $\lambda=Ch/Ek=1240/E$，PBGA 晶体的吸收截止波长在 335nm，大于 LAP 晶体，表明其在可见光范围也具有良好的透过性能。

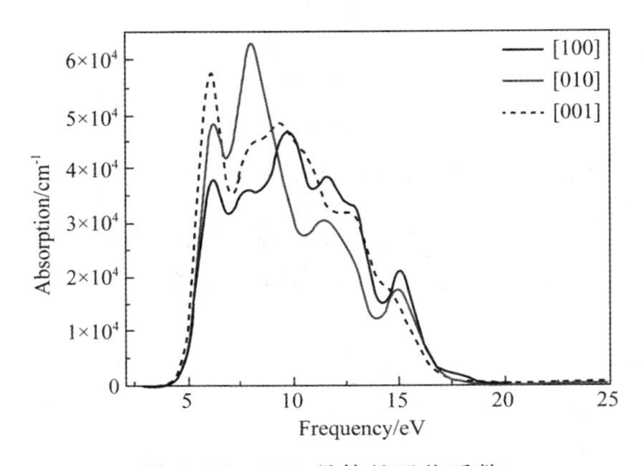

图 4-34　LAP 晶体的吸收系数

在[100]、[010]和[001]三个方向的第一个吸收峰分别位于 6.46eV、6.05eV 和 6.43eV，与 LAP 晶体类似，吸收峰位置相对介电函数虚部的介电峰位置稍有蓝移，[001]方向吸收最强，[010]次之，[100]方向吸收最小，且在

[001]方向 8.82eV 处出现了其他两个方向没有的明显吸收峰，强度稍弱于其首个吸收峰。在光子能量大于 10eV 后，三个方向上的吸收强度顺序发生反转，[100]方向强度最高，[010]方向次之，这两个晶向上 12.22eV 和 15.24eV 处都分别出现了两个较强的吸收峰，[001]方向吸收变为最弱，且在光子能量约为 17.2 时，吸收提前截止。

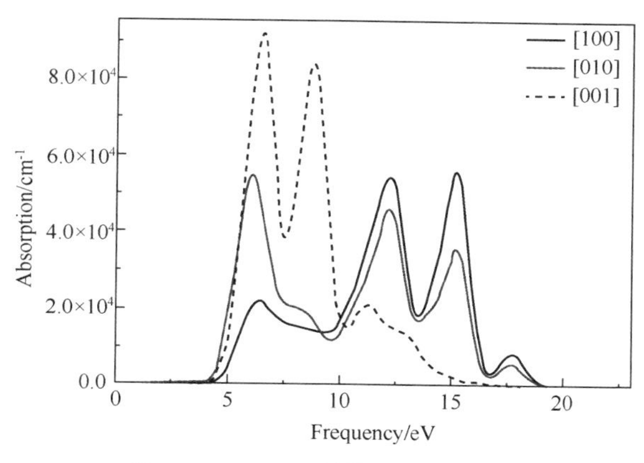

图 4-35 PBGA 晶体的吸收系数

LATF 晶体在三个不同晶向[100]、[010]和[001]的吸收率变化曲线如图 4-36 所示，三个晶向上的吸收率曲线与 LATF 晶体介电函数虚部图谱(图 4-33)趋势相同，总体吸收范围在 3.6～21.1eV，根据 $\lambda = Ch/Ek = 1240/E$，LATF 晶体的吸收截止波长在 344nm，大于 LAP 和 PBGA 晶体，同时也可以表明其在可见光范围也具有良好的透过性能。

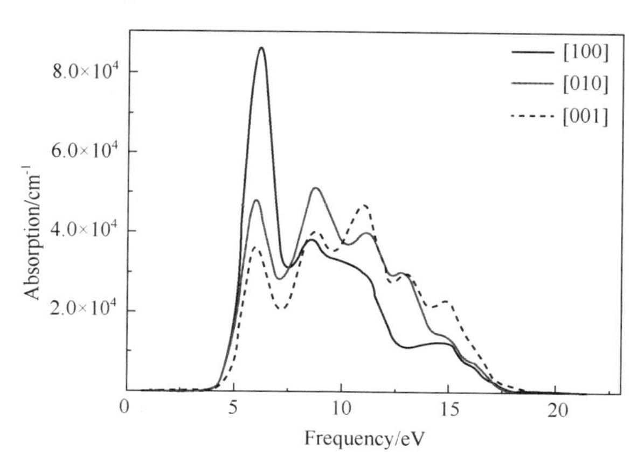

图 4-36 LATF 晶体的吸收系数

在[100]、[010]和[001]三个方向的第一个吸收峰分别位于 6.20eV、

6.07eV 和 6.03eV，与 LAP 和 PBGA 晶体类似，吸收峰位置相对介电函数虚部的介电峰位置稍有蓝移，[100]方向吸收最强，[010]次之，[001]方向吸收最小，且在[010]方向 8.81eV 处出现的第二个吸收峰，强于其他两个方向该位置附近的吸收。在光子能量大于 10eV 后，三个方向上的吸收强度顺序发生反转，[001]方向强度最高，[010]方向次之，这两个晶向上吸收曲线比较接近，[100]方向吸收变为最弱。

3. 折射率

当光从真空中进入较致密的材料时，其传播速度降低。狭义地讲，光在真空(因为在空气中与在真空中的传播速度差不多，所以一般用在空气的传播速度)中的速度与光在该材料中的速度之比即为材料的折射率：

$$\beta_{tot} = (\beta_x + \beta_y + \beta_z)^{\frac{1}{2}} \quad (4-16)$$

如果光从材料 1(折射率为 n_1)通过界面传入材料 2(折射率为 n_2)时，与界面法向所形成的入射角 θ_1、折射角 θ_2和两种材料折射率之间有如下关系：

$$\beta_i = \beta_{iii} + \frac{1}{3}\sum_{i \neq j}(\beta_{ijj} + \beta_{jij} + \beta_{jji}) \quad (4-17)$$

式中，$\boldsymbol{v}_1$ 和 $\boldsymbol{v}_2$ 分别为光在材料 1 和材料 2 中的传播速度，n_{21}为材料 2 相对于材料 1 的相对折射率。

对于非线性光学晶体，折射率是十分重要的参数，是进行倍频实验和计算各种光学参量的前提和基础，也是进行器件设计和优化的基本数据。通常把光从空气进入介质的折射率当作那种介质的绝对折射率，如果知道光在某种介质中的绝对折射率，就能算出光在这种介质中的传播速度。由此可见，介质的绝对折射率越大，光在介质中的传播速度就越小。材料的极化性质与构成材料的原子的原子量、电子分布情况、化学性质等微观因素有关，这些因素通过宏观介电常数来影响光在材料中的传播速度。采用晶体的介电函数，通过式(4-11)和式(4-12)可以获得晶体的复折射率 $N(\omega) = n(\omega) + iK(\omega)$中折射率 $n(\omega)$和消光系数 $K(\omega)$。

图 4-37 所示的为 LAP 晶体在三个不同晶向[100]、[010]、[001]的折射率变化曲线。消光系数 K 的公式可以看出，其与材料的吸收系数含义相同，都代表物质对光子能量的吸收，因而图中可以看出 K 曲线与 LAP 晶体吸收系数曲线(图 4-34)形状基本相同。

在光子能量小于 3.9eV 的低能区，三个晶向上的消光系数 K 为 0，而折射率 n 初始值分别为 1.18、1.20 和 1.22，且随光子能量增强变化不大，这表明 LAP 晶体对过低频电磁波的吸收较弱。随着光子能量的增加，折射率 n 与消光系数 K 都先增后减，折射率 n 在[100]晶向上的变化范围是 0.85~1.42，[010]晶向上变化范围是 0.83~1.51，[001]晶向上的变化范围是 0.85~1.56，LAP 晶体不同

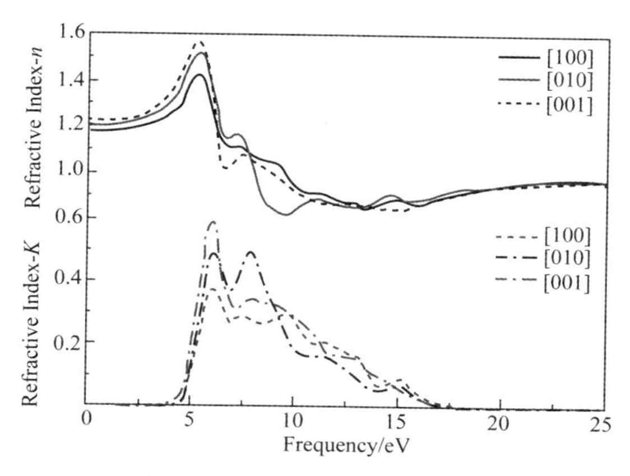

图 4-37 LAP 晶体的折射率

晶向的峰值折射率差为 1. 56-1. 42=0. 14，其表明 LAP 晶体双折射效应一般。消光系数 K 的峰值出现在 6. 1eV 左右，分别为 0. 38、0. 48 和 0. 58，在光子能量大于 21eV 的高能区，K 的值减小为 0，三个方向的折射率 n 减小成为一个值且随能量变化很小，复折射率几乎为常数。

图 4-38 所示的为 PBGA 晶体在三个不同晶向[100]、[010]、[001]的折射率变化曲线，消光系数 K 曲线与 PBGA 晶体吸收系数曲线(图 4-35)基本相同。在光子能量小于 3. 7eV 的低能区，三个晶向上的消光系数 K 为 0，而折射率 n 初始值分别为 1. 12、1. 18 和 1. 25。随着光子能量的增加，折射率 n 与消光系数 K 都先增后减，折射率 n 在[100]晶向上的变化范围是 0. 79~1. 24，[010]晶向上变化范围是 0. 84~1. 47，[001]晶向上的变化范围是 0. 57~1. 71，K 的峰值出现在 6. 3eV 左右，分别为 0. 21、0. 56 和 0. 88。PBGA 晶体两个晶向的峰值折射率

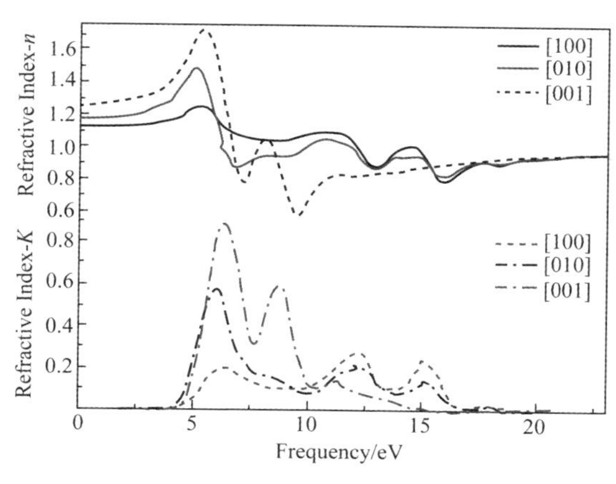

图 4-38 PBGA 晶体的折射率

差(1.71-1.24=0.47)远大于 LAP 晶体，表明其具有更好双折射效应。在光子能量大于 19eV 的高能区，K 的值减小为 0，三个方向的折射率 n 成为一个值且随能量变化很小，复折射率几乎为常数。

LATF 晶体在三个不同晶向[100]、[010]、[001]的折射率变化曲线如图 4-39 所示，消光系数 K 曲线与 LATF 晶体吸收系数曲线(图 4-36)类似。在光子能量小于 3.6eV 的低能区，三个晶向上的消光系数 K 为 0，而折射率 n 初始值分别为 1.23、1.20 和 1.17。随着光子能量的增加，折射率 n 与消光系数 K 都先增后减，折射率 n 在[100]晶向上的变化范围是 0.73~1.69，[010]晶向上变化范围是 0.88~1.48，[001]晶向上的变化范围是 0.87~1.39，K 的峰值出现在 6.0eV 左右，分别为 0.87、0.49 和 0.37。LATF 晶体两个晶向的峰值折射率差(1.69-1.39=0.30)大于 LAP 晶体小于 PBGA 晶体，其具有一定双折射效应。在光子能量大于 21eV 的高能区，K 的值减小为 0，三个方向的折射率 n 成为一个值且随能量变化很小，复折射率几乎为常数。

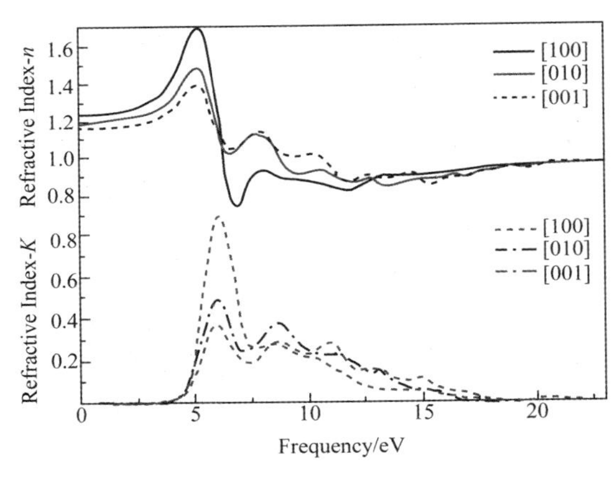

图 4-39 LATF 晶体的折射率

综合以上结果可以得出，在低能区(<6eV)，LAP 与 PBGA 晶体在[100]晶向，LATF 晶体在[001]晶向有较小的消光系数，折射率也最小，表示低能量光子入射时，受到物质的阻碍较其他两个方向小，传播速度较高，在光学转换或传输方面更有优势，中能区(6~15eV)则会反转且差别逐渐缩小，在高能区(>15eV)晶向基本没有差别。

4. 反射率和能量损失函数

光反射是一种重要的光损失，也就是能量损失，反射率越大，光存储效率反而越低，能量损失就越大。根据式(4-14)与式(4-15)，采用复折射率和介电函数可以获得相应晶体的反射率和损失函数随光子能量的变化曲线。

图 4-40 为计算所得 LAP 晶体的反射率和能量损失函数，图中可以看出，

LAP 晶体三个方向反射峰的极值分别出现在 5.79、5.86 和 5.89eV 处，强度依次为[001]、[010]和[100]，与介电函数虚部曲线相似，[010]方向上在 8.06eV 处出现了第二个强反射峰，该光子能量附近其他两个方向的反射率较低且差别不大，在 10eV 以上，三个方向的反射率趋于统一并逐渐降低，23eV 以后反射率降为零 0。

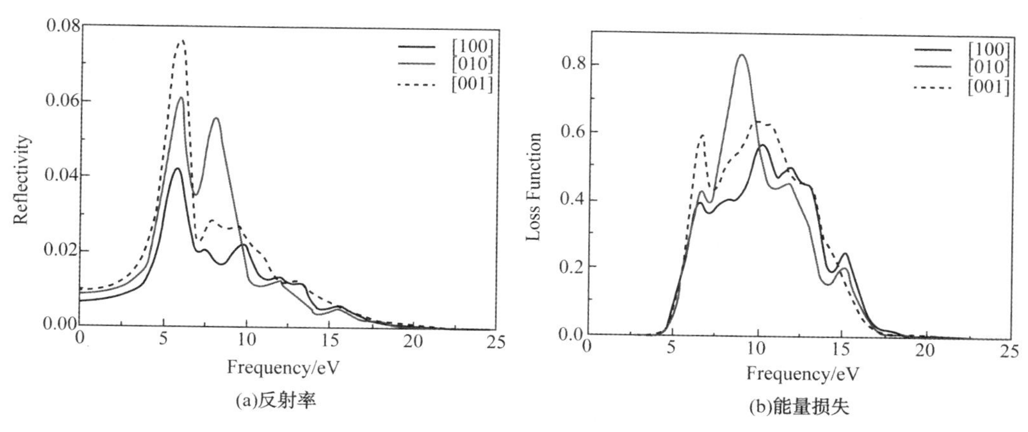

图 4-40　LAP 晶体的反射率与能量损失函数

LAP 晶体在光子能量为 3.9eV 左右时开始有能量损失，[100]、[010]和[001]三个方向分别在在 6.47eV、6.55eV 和 6.55eV 处时出现第一个尖锐的能量损失峰。随光子能量增大，能量损失稍有降低后再次增大，三个方向上第二个明显能量损失峰分别出现在 10.17eV、8.87eV 和 9.91eV，可以看出相对与其他两个方向，[010]方向的损失峰位于更低的能量处，并且最强，在光子能量高于 20eV 后，LAP 晶体的能量损失系数降为 0。

结合 LAP 晶体反射谱线[图 4-40(a)]和吸收系数(图 4-34)可以发现，LAP 晶体[100]和[001]方向光学性质接近，而其[010]方向光学性质有明显差异，8.87eV 处特殊的能量损失强峰，可能归功于堆积分子基团的特殊性。

图 4-41 为计算所得 PBGA 晶体的反射率和能量损失函数，图中可以看出，PBGA 晶体三个方向反射峰的极值分别出现在 5.81eV、5.98eV 和 6.55eV 处，强度依次为[001]、[010]和[100]，与介电函数虚部曲线趋势类似，[001]方向上在 9.23eV 处出现了第二个强反射峰，迅速下降到与其他两个方向反射相当的强度，该处[010]和[100]两个方向的反射率非常低，且差别不大，当光子能量高于 9eV 后，这两个晶向在 12.43eV 和 15.53eV 都出现了两个较明显的反射峰。在 17eV 以上，三个方向的反射率趋于一致，23eV 以上降为 0。

由图 4-41(b)可以看出，PBGA 晶体在光子能量为 3.7eV 时开始有能量损失，其中[100]和[010]两个方向的能量损失曲线相似，分布较宽，这两个方向分别在 6.58eV 和 6.62eV 时出现第一个能量损失峰，随光子能量增大，能量损失降低后再次增大，这两个方向分别在 12.5eV 和 15.5eV 出现了两个强于[001]方向的损失峰，在光子能量高于 23eV 后，能量损失系数降为 0。而[001]方向对光子能量的损失曲线分布较窄，在 7.15eV 和 9.46eV 出现的两个损失峰强度最高且尖锐，随后较弱的第三能量损失峰出现在 11.27eV，在光子能量高于 18eV 后，能量损失系数降为 0。

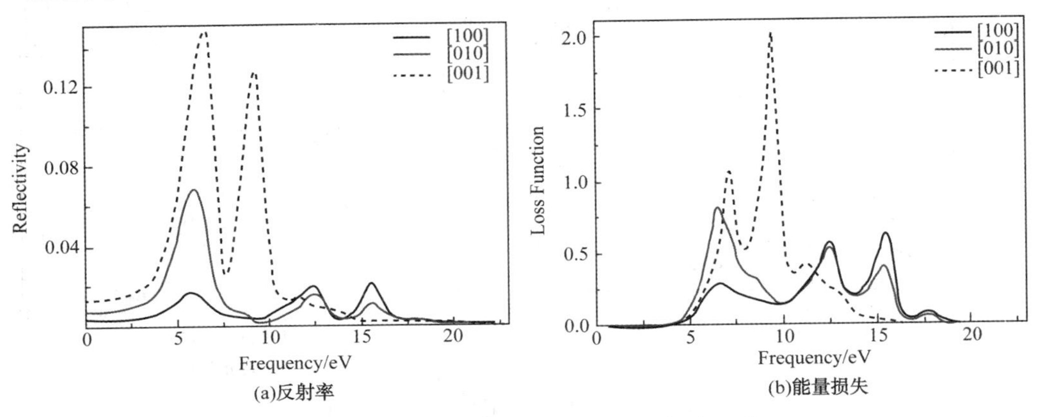

图 4-41　PBGA 晶体的反射率与能量损失函数

结合 PBGA 晶体反射谱线[图 4-41(a)]和吸收系数(图 4-35)可以发现，PBGA 晶体[100]和[010]方向光学性质接近，而其[001]方向在 9.46eV 处特殊的能量损失强峰，表明该晶体在[001]方向光学应用会受到一定限制。

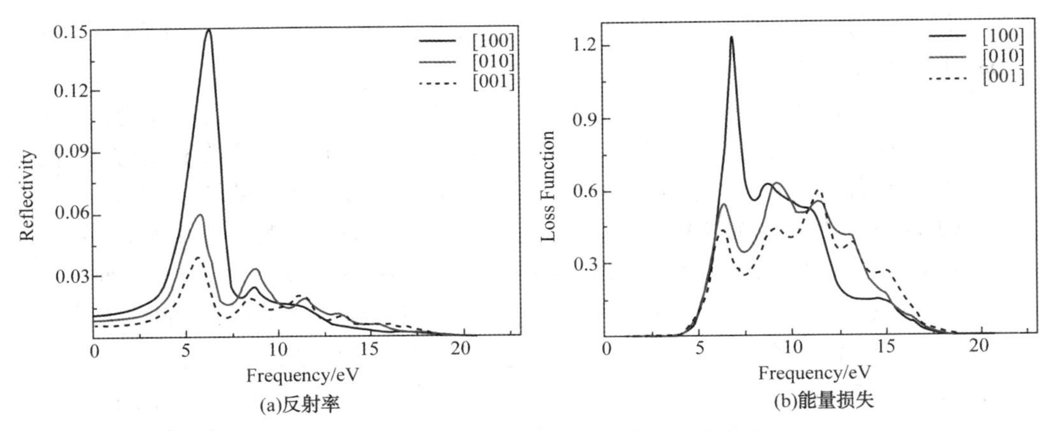

图 4-42　LATF 晶体的反射率与能量损失函数

图 4-42 为计算所得 LATF 晶体的反射率和能量损失函数，从图 4-42(a)可以看出，LATF 晶体三个方向反射率曲线比较类似，差别主要在于首个反射峰强

度有很大差异，从强到弱依次是[100]、[010]和[001]，反射峰分别出现在6.34eV、5.80eV和5.69eV处，反射率曲线与介电函数虚部曲线相似。在7.5eV左右，反射率降到较低强度，随后在8.7eV和11.3eV等处出现了几个小的反射峰，三个方向的反射率逐渐降低，23eV以后反射率降为0。

LATF晶体在光子能量为3.6eV时开始有能量损失，[100]、[010]和[001]三个方向分别在6.89eV、6.45eV和6.32eV时出现第一个尖锐的能量损失峰，其中[100]方向6.89eV处损失峰尤其尖锐且强度远高于其他两个方向。随光子能量增大，[010]和[001]方向出现了几个强度一般的能量损失峰，在光子能量11.5eV以上能量损失开始下降，高于21eV后，LATF晶体的能量损失系数降为0。

结合LATF晶体反射谱线[图4-42(a)]和吸收系数(图4-36)可以发现，与LAP和PBGA晶体不同的是，LATF晶体三个方向光学性质比较接近，其[100]方向在6.89eV处较高的能量损失峰，表明该晶体在低能区[100]方向光学应用会受到一定限制。

参考文献

[1] Jos P. M. Lommerse, Anthony J. Stone, Robin Taylor, Frank H. Allen. The Nature and Geometry of Intermolecular Interactions between Halogens and Oxygen or Nitrogen[J]. Journal of the American Chemical Society, 1996, 118(13): 3108-3116.

[2] Tennyson J, Der Avoird A V. Quantum dynamics of the van der Waals molecule $(N_2)_2$: An ab initio treatment[J]. Journal of Chemical Physics, 1982, 77(11): 5664-5681.

[3] Popkie H, Kistenmacher H, Clementi E. Study of the structure of molecular complexes. IV. The Hartree - Fock potential for the water dimer and its application to the liquid state[J]. Journal of Chemical Physics, 1973, 59(3): 1325-1336.

[4] Tennysgn J, van der Avoird A. Quantum dynamics of the van der Waals molecule (N2) 2: An ab initio treatment[J]. The Journal of Chemical Physics, 1982, 77(11): 5664-5681.

[5] Frisch M J, Trucks G W, Schlegel H B, et al. Gaussian 09, Revision D. 01 (Gaussian, Inc., 2009).

[6] Mourik T V. First-Principles Quantum Chemistry in the Life Sciences[J]. Philosophical Transactions, 2004, 362(1825): 2653.

[7] Müller-Dethlefs K, Hobza P. Noncovalent Interactions: A Challenge for Experiment and Theory [J]. Chemical Reviews, 2000, 100(1): 143-168.

[8] Grzegorz Chałasiński, M M S. State of the Art and Challenges of the ab Initio Theory of Intermolecular Interactions[J]. Chemical Reviews, 2000, 100(11): 4227.

[9] Parr R G. Density Functional Theory of Atoms and Molecules[M]. New York: Oxford University Press, 1989.

[10] Hohenberg P, Kohn W. Inhomogeneous Electron Gas[J]. Physical Review, 1964, 136(3B): B864-B871.

[11] Hadži, D. (Dušan). Theoretical Treatments of Hydrogen Bonding[J]. Journal of Molecular Structure, 1997(1): 159-160.

[12] Thomas L H. The calculation of atomic fields[J]. Mathematical Proceedings of the Cambridge Philosophical Society, 1927, 23(5): 542-548.

[13] Kohn W, Sham L J. Self-Consistent Equations Including Exchange and Correlation Effects[J]. Phys Rev, 1965, 140(4A): A1133-A1138.

[14] Koch W, Holthausen M C. A chemist´s guide to density functional theory[M]. Second Edition, New York: Wiley, 2001.

[15] Lee C, Yang W, Parr R G. Development of the Colle-Salvetti correlation-energy formula into a functional of the electron density[J]. Physical Review B, 1988, 37(2): 785-789.

[16] 唐立中，陈尔廷．前线轨道理论[J]. 河南大学学报(自然科学版)，1982(2)：86-99.

[17] 孙元红．有机材料的非线性光学特性的理论研究[D]. 山东师范大学，2005.

[18] Feller D. Application of systematic sequences of wave functions to the water dimer[J]. Journal of Chemical Physics, 1992, 96(8): 6104-6114.

[19] 沈学础．半导体光学性质[M]. 科学出版社，1992.

[20] 李强，谭兴毅，杨永明，等．Cu、N 空位对 Cu_ 3N 的电子结构、电学和光学性能影响的第一性原理研究[J]. 原子与分子物理学报，2017，34(4)：769-773.

[21] 武佳佳，马万坤，焦芬，等．Cu、Ni 掺杂 FeS_2 电子结构与光学性质的第一性原理计算[J]. 中国有色金属学报，2017，27(3)：605-612.

[22] 王婷，谭欢，边庆，等．新型稀磁半导体 Mn 掺杂 LiZnP 的电子结构和光学性质[J]. 原子与分子物理学报，2017，34(5)：954-962.

[23] 王静楠，杨坤．CrN 电子和光学性质的第一性原理研究[J]. 四川大学学报(自然科学版)，2017，54(3)：568-572.